花椒
优质丰产栽培

HUAJIAO YOUZHI FENGCHAN ZAIPEI

张和义　编著

中国科学技术出版社
·北　京·

图书在版编目（CIP）数据

花椒优质丰产栽培 / 张和义编著 . —北京：中国科学技术出版社，2018.1

ISBN 978-7-5046-7808-9

Ⅰ. ①花… Ⅱ. ①张… Ⅲ. ①花椒—高产栽培 Ⅳ. ① S573

中国版本图书馆 CIP 数据核字（2017）第 276002 号

策划编辑	张海莲　乌日娜
责任编辑	张海莲　乌日娜
装帧设计	中文天地
责任校对	焦　宁
责任印制	徐　飞

出　　版	中国科学技术出版社
发　　行	中国科学技术出版社发行部
地　　址	北京市海淀区中关村南大街16号
邮　　编	100081
发行电话	010-62173865
传　　真	010-62173081
网　　址	http://www.cspbooks.com.cn

开　　本	889mm × 1194mm　1/32
字　　数	111千字
印　　张	4.5
版　　次	2018年1月第1版
印　　次	2018年1月第1次印刷
印　　刷	北京威远印刷有限公司
书　　号	ISBN 978-7-5046-7808-9 / S · 700
定　　价	23.00元

Contents 目录

第一章
花椒特征特性与主栽品种

一、植物学特征

花椒为芸香科落叶乔木或灌木，树高3～7米。果、枝、干、叶均有香味，树皮黑棕褐色、粗糙，老树干上常有木栓质的疣瘤状突起。小枝灰褐色，具宽扁而锐尖的皮刺。奇数羽状复叶、互生，复叶有3～11枚小叶，多数为5～11枚，叶轴具窄翅。小叶长椭圆形或卵圆形，先端尖。小叶具短柄，边缘具轴锯齿，两齿之间间隙生长有褐色或半透明状油腺，对着阳光可见小叶面散布的腺体呈透明状腺点。叶面和总叶柄上生有小刺。叶片正面绿色，背面灰绿色，仔细观察叶面可见上面生有极细的针状刺和褐色簇毛。叶轴边缘窄的薄脊称为轴刺，叶轴上面常呈沟状下陷，基部两侧树皮上常有一对扁宽的皮刺。芽着生在叶腋处。花黄白色，聚伞状圆锥花序，集生于小枝顶端，花期3～5月份。雌雄同株或异株，异花授粉。小花无花瓣及花萼之分，只有花被4～8片。雄蕊5～7个，雌花心皮3～4个，子房无柄。果实为蓇葖果，圆形，直径3.5～6.5毫米，1～5个集中着生在一起，果面密生疣状突起的腺点。缝合线不明显，成熟时2裂。果皮2层，外果皮红色，内果皮黄色。果柄极短，成熟时果柄褐色或紫红色，果柄上密生疣状突起的腺点。果熟期7～9月份。单果有种子1～2粒，种子圆珠状，种皮黑色、有光泽，直径3～4毫米

（图 1–1）。

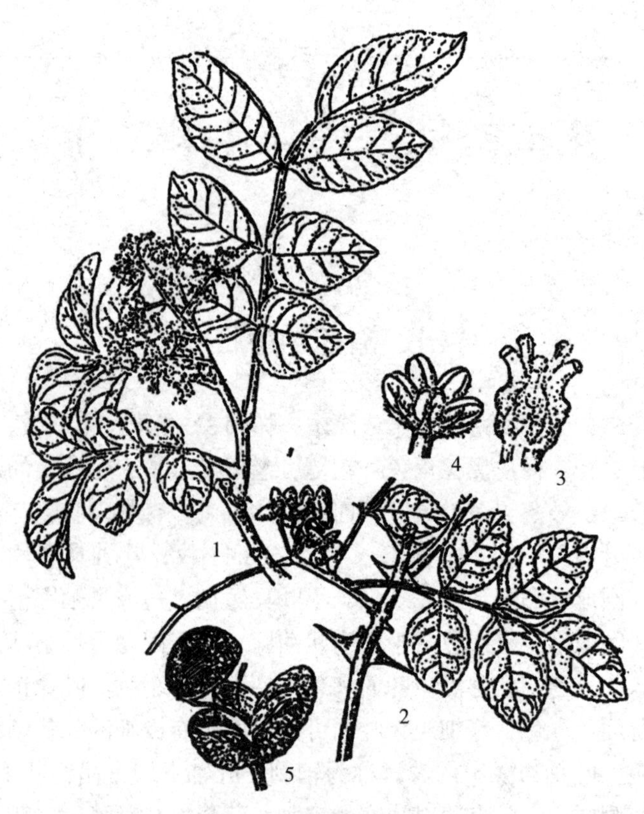

图 1–1　花椒的形态特征

1. 雌花枝　2. 果枝　3. 雌花　4. 雄花　5. 果与种子

花椒为浅根性植物，根系由主根、侧根和须根组成。主根不明显，长度一般为 20～40 厘米，最深分布达 1.5 米。主根上一般可分生出 3～5 条粗而壮的一级侧根。一级侧根呈水平状向四周延伸，同时分生出小侧根，构成强根系骨架。花椒侧根较发达，较粗的侧根多分布在 40～60 厘米深的土层中。有的侧根水平延伸可达 5～6 米远，达树冠的 2 倍以上。由主根和侧根上发

出多次分生的细短网状须根，其上再长出大量细短的吸收根，多分布于10～40厘米的土层中。花椒初果期，以树冠投影处分布的根系最多、最密，向外逐渐减少；而在盛果期，花椒树根系多分布在以主干距树冠外缘0.5～1.5倍的范围内；进入衰老期，随着二级、三级侧枝的枯死，生根能力下降，根系产生向心生长趋势，仅在根颈周围产生大量须根。

二、生物学特性

1. 个体发育

从种子萌芽生长形成一个新个体到植株衰老死亡的过程，称为个体发育过程，也叫生命周期。可分幼龄期、结果初期、盛果期和衰老期4个阶段。一般花椒树寿命40年左右，多的可达50～60年。

（1）**幼龄期**　从种子萌发出苗到开始结果以前为幼龄期，也叫营养生长期，一般为2～3年。这一时期以顶芽的单轴生长为主，分枝少，营养生长旺盛，是树冠骨架的建造时期，对一生发育有着重要影响。生产中应加强管理，迅速扩大树冠，合理安排树体结构，培养良好树形，保证树体正常生长发育，促进早结果。

（2）**结果初期**　从开始开花结果到大量结果初期，也叫生长结果期。花椒树3年即可少量开花结果，4～5年后相继增加。该期的前期，树体长势仍然很旺，分枝量增加，骨干枝不断向四周延伸，树冠迅速扩大，是一生中树冠扩展最快的时期。但由于树体制造的养分主要用于生长，单株产量偏少。随着树龄的增大，结实量每年递增0.5～2倍。初期多以中长果枝结果，随后中短果枝结果增多，结果的主要部位由内膛逐年向外扩展。结果初期的果穗大，坐果率高，果粒也大，色泽鲜艳。这一时期的主要任务是尽快完成骨干枝的配备，培养好主、侧枝，保证树体健

壮生长，以利早期丰产。生产中应顺应生长结果期的特性，多培育侧枝及结果枝，为树冠形成后获取高产奠定基础。

（3）**盛果期**　开始大量结果到衰老以前为盛果期。此期，结果枝大量增加，产量达到高峰，根系和树冠均扩大到最大限度。一般定植10年以后即进入盛果期。突出特点是果实产量显著提高，单株产鲜椒5～10千克、干果皮1～2千克。这一阶段持续时间的长短，取决于立地条件和管理技术，一般年限为10～15年，甚至达20年以上。此期如果管理不善会出现大小年结实现象，使产量下降，还会加快衰老。

（4）**衰老期**　植株开始衰老，一直到树体死亡。这一过程单株产量达到顶峰期，因营养连续偏向用于生殖生长，树体逐年衰退，主枝、小枝及果枝趋于老化，冠内出现枯枝。一般情况下，树龄达20～35年及以后，根系、枝干进一步老化，枯枝增多，开始进入衰老期，表现为生活功能衰退、新枝生长能力显著减弱、内膛和背下结果枝组大量死亡、部分主枝和侧枝先端出现枝梢枯死现象、结果枝细弱短小、内膛萌发大量徒长枝、产量递减。衰老后期，二级、三级侧根和大量须根死亡，部分主枝和侧枝枯死，内膛出现大的更新枝，向心生长明显增强；同时，坐果率很低，果穗很小，往往果穗只有几粒果实，产量急剧下降。这一时期栽培管理的主要任务是加强树体保护，减缓衰老；同时，要有计划地培养更新枝，进行局部更新，使其重新形成新的树冠，恢复树势，保证获得一定的产量。

2. 年周期发育

（1）**花椒芽**　芽是花椒发枝生叶形成营养器官和开花结果的基础。许多栽培措施是根据芽的生物学特性采取的。花椒芽可分为花芽、营养芽和潜伏芽（图1–2）。

①花芽　花椒花芽为圆锥花序，顶生，花小，绿色，单生或杂性同株。叶芽内含有茎和叶的原始体，萌发后形成新梢。花芽为混合芽，芽内包含花器和雏梢的原始体。春季萌发后先抽生一

般新梢，在新梢顶端着生花序，开花结果。花芽芽体饱满，呈圆形。一般着生在结果枝顶端及其以下1～4叶腋内的花芽数量较多。发育正常的盛果期花椒树，很容易形成混合芽；发育枝和中庸偏弱的徒长枝，当年有可能形成混合芽。

花椒花芽的分化时期为新的生长点形成到翌年发芽前，只要条件具备随时能够进行花芽分化，集中分化期一般在花芽枝条的两次生长高峰之间，北方地区约在6月中旬。一般短枝花芽分化早，中枝稍晚，长枝最晚。顶花芽分化晚，但进度快，花芽较饱满；腋花芽分化较早，但质量差。

②营养芽　营养芽外被鳞片，芽体内只包含枝叶的原始体而没有花的原始体，芽小而光，故又叫叶芽，萌发后抽生营养枝。叶芽位于发育枝、徒长枝、萌蘖枝上。叶芽的形态因着生节位不同而不同，顶芽较长、芽茎细、复叶状鳞片肉质、包裹松散；其余部位的叶芽外观上与花芽差异不大，只是芽体较小些。

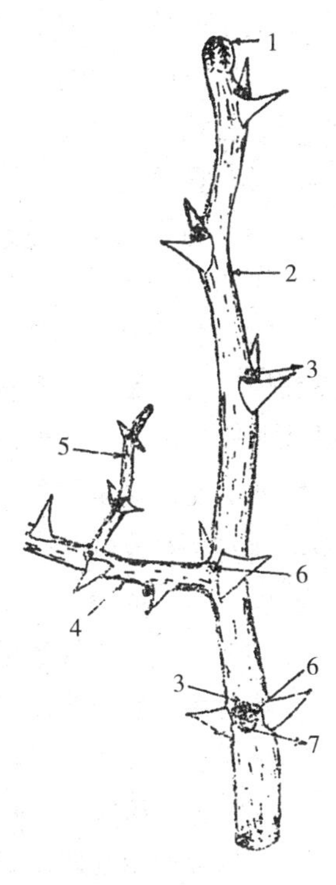

图1–2　花椒的芽

1. 顶芽　2. 一次性主枝
3. 副芽　4. 一次性侧枝
5. 果枝　6. 隐芽　7. 叶痕

③潜伏芽　又叫隐芽、休眠芽、不定芽。潜伏芽在正常情况下不萌发，着生在枝条的基部或下部或根系上或根茎上。着生于基部的潜伏芽，排列无序，芽体很小，多不萌发。一般结果枝上有3～5个，营养枝和徒长枝上有10个以上。多年生枝干，潜伏芽常被挤在栓皮内，当修剪或受到刺激或进入衰老期后常萌发出比较强壮的徒长枝。潜伏芽寿命长，可达数十年。潜伏芽发生的时期和位置不固定，当

受到刺激时可以萌发，可以利用这个特性进行衰老树的更新。

④芽的生长　除潜伏芽外，花椒的其他芽从上年6月份开始分化到翌年3月下旬至4月上旬、气温在10℃～12℃时萌发出叶。因此，羽状复叶在芽内已成雏形，萌芽后即可见到第一复叶全面伸展。从第一个芽萌动到所有芽全部萌发需15天左右，从芽分化到全部萌发出叶需9～10个月。萌发出叶的早晚容易受早春气候变化的影响，如遇低温天气常延迟发芽期。芽萌发后至6月份，新梢上又开始分化形成花芽。

（2）花椒枝干　花椒树的地上部分，是指根颈以上的部分，包括主干、枝条、芽、叶、花、果实等，地下部分即为根系，地上部和地下部的交界处即为根颈。一般实生树的根颈由胚轴发育而来，称为真根颈；由嫁接、扦插、压条等无性繁殖所得的植株，没有真根颈，称为假根颈。枝干是构成树冠的主体，是着生其他器官的基础，也是水分和营养物质输导渠道和储藏营养物质的主要场所。

①树干　从地面到第一主枝间的茎为树干，分为主干和中央领导干。从第一主枝向上、位于树的中央、直立向上、生长势最强的这段树干，通常称中央领导干。花椒树的干性不强，在整形修剪中如果是丛状树形，中央领导干变成了主枝；如果是杯状形，那就不存在中央领导干。这是由花椒树干生长特性决定的，主枝很少有向上生长的，横生性较强。

②主枝　主干以上的永久性大枝，是构成树冠的骨架。

③侧枝　着生于主枝上的永久性大枝。

④树冠　主干以外的整个树貌称树冠。

⑤新梢　由叶芽发出的带叶的枝条。一般当春季气温稳定在10℃左右时新梢开始生长，其中发育枝和徒长枝的新梢在一年中生长时间长。一年中生长的新梢有两次生长高峰，第一次生长高峰出现在展叶后至椒果开始迅速膨大前，生长量占全年的35%左右；第二次生长高峰出现在6月下旬、椒果膨大结束至8月中

旬，生长量占全年的40%。一般发育枝的年生长量为20～40厘米，徒长枝为50～100厘米。结果枝新梢在一年中只有1次生长高峰，一般出现在4月上旬至5月上旬，且生长持续时间短、生长量小，一般生长长度为2～5厘米。花椒新梢的加粗生长同步于伸长生长，但持续时间较长。从发芽到6月份，这段时间的生长量大，生长的长梢称春梢。由春梢顶端在秋季继续萌发生长的一段长梢叫秋梢。

按枝梢的年龄分为：1年生枝，即当年生长出来的一段长梢，到翌年发芽时为止；2年生枝，即1年生枝发芽后再生长1年的枝条；多年生枝，即一个大枝上包括2年生、3年生、4年生……多年生的枝条。

花椒当年萌发的枝条，按特性可分为发育枝、徒长枝、结果枝。

发育枝又叫生长枝，是由营养芽萌发而来，当年生长旺盛，其上不形成花芽，落叶后为1年生发育枝。发育枝是扩大树冠和形成结果枝的基础，有长、中、短枝之分，长度在30厘米以上的为长发育枝，15～30厘米的为中发育枝，15厘米以下的为短发育枝。定植后到初果期，发育枝多为长中枝，进入盛果期发育枝数量较少，且多为短枝，也容易转化为结果枝。发育枝一年有两次生长高峰，一般第一次生长高峰出现在4月中旬至5月中下旬，第二次生长高峰出现在6月下旬至8月初，9月上旬枝条停止生长。

徒长枝又叫竞争枝，实质上也是一种营养枝，是由多年生枝条皮内的潜伏芽在枝干折断或受到剪截刺激或树枝衰老时萌发而成的。它生长旺盛，直立粗长，长度多为50～100厘米，有的可高达2米以上。徒长枝多着生在树冠内膛和树干基部，生长速度较快，组织不充实，消耗养分多，影响树体的生长和结果。通常徒长枝在盛果期及其前期多不保留，应及时疏除；在盛果期后期到树体衰老期，可根据空间和需要，有选择地用于改造成结果枝组或培养成骨干枝。

结果枝是由混合芽萌发而来，顶端着生果穗的枝条。一年中有1次生长高峰，一般出现在4月上旬至5月上旬。结果初期，树冠内结果枝较少，进入盛果期后，树冠内大多新梢成为结果枝。结果枝按长度分为长果枝、中果枝和短果枝，长度在5厘米以上的为长果枝，2～5厘米的为中果枝，2厘米以下的为短果枝。果枝的结果能力与其长度和粗度密切相关，一般长中果枝的坐果率高、果穗大，细弱的短果枝坐果率低、果穗小。各类结果枝的数量和比例，常因品种、树龄、立地条件和栽培管理不同而不同，一般结果初期树结果枝数量少，且中长果枝比例大；盛果期和衰老树结果枝数量多，且短果枝比例大；立地条件差的地方结果枝短而弱。结果枝开花结果后，一般先端芽及以下的1～2个芽，仍可萌发形成混合芽，成为翌年的结果母枝，如此连年分生，往往形成聚生的结果枝群。

结果母枝是发育枝或结果枝在其上形成混合芽后到花芽萌发、抽生结果枝、开花结果这段时间所承担的角色，果实采收后转化为枝组枝轴。但在休眠期，树体上仅有着生芽的结果母枝，而无结果枝。在结果初期，结果母枝主要由中庸健壮的发育枝转化而来。结果母枝抽生结果枝的能力与其长短和粗壮程度呈正相关，长而粗壮的结果母枝抽生结果能力强，抽生的结果枝结果也多。

花椒进入结果期后，易形成结果枝组，谓之椒爪。生长发育良好的椒树，往往在一短枝上顶部混合芽萌发后开花结果，中下部抽生1～3个健壮的短枝，翌年，这些短枝也生枝、开花、结果，形成一束枝群，即椒爪。因此，无论采椒还是修剪，都要注意保护和处理好枝组，使其既能够结出适量的果实，又能保持一定程度的生长势，防止衰老。花椒树一般栽植后第三年开始结果，5～6年后进入盛果期，直到20～25年后开始衰老，寿命40多年。

（3）**叶及其生长发育** 叶的生长与新梢几乎同时开始，当新

梢生长时，幼叶随即开始分离，逐渐扩大加厚，形成完整的叶。花椒为奇数羽状复叶，也有偶数羽状复叶。奇数羽状复叶多为3～11片，偶数多为4～12片。对生叶片的多少与树龄大小有关，一般树龄小的叶片少，树龄大的叶片多。花椒叶长椭圆形、先端尖。每一复叶着生小叶的数量因品种、树龄、枝条类型而不同，一般幼树期每一复叶着生7～11片，结实期5～9片，衰老期5～7片。在一个复叶上，叶片大小由顶部向基部逐渐减小。叶片生长的快慢、大小和多少，与春季萌发后的气温及上年树体内储藏的养分有关，温度越高、树体内储存的养分越多，叶片形成的速度就越快、数量也越多。

生长健壮的树，叶片大，叶色浓绿，而生长弱的树则相反。叶的寿命差别很大，一般由萌芽到叶长成需15～20天，最早萌芽长成的叶子寿命可达5个月以上，新梢停止生长后长成的叶子寿命最短、60天左右。每一枝条上复叶数量的多少，对枝条和果实的生长发育及花芽分化的影响很大。一般健壮的结果枝，着生3个以上的复叶，才能保证果穗的发育；1～2个复叶的结果枝，特别是着生1个复叶的果穗发育不良，冬季往往枯死。

（4）**花与开花结果**　花芽分化是指叶芽在树体内有足够的养分积累、外界光照充足、温度适宜的条件下，向花芽转化的全过程。花芽分化开始于新梢第一次生长高峰之后，从6月上中旬开始，到7月上旬结束，只需15～20天。6月下旬至7月中旬，经过10～15天完成花蕾分化。6月下旬至8月上旬完成萼片分化。果实采收后，花芽分化停止，准备越冬。花椒的花蕾形成并越冬后，于翌年3月上中旬进入雄蕊分化期，形成雄蕊，3月下旬至4月上旬花芽萌动。花芽萌动后，先抽生结果枝，当结果枝新梢第一复叶展开后，花序逐渐显露，随着新梢的伸长而伸展至长3～5厘米。花序伸展结束后1～2天，花开始开放。花被开裂，子房体显露1～2天后，柱头向外弯曲，由淡绿色变为淡黄色，分泌物增多，雌蕊开始受粉（约在4月下旬）。

花椒的花序为聚伞状圆锥形序。花序中轴叫花序轴，其上有二级轴、三级轴，有的花序还有副花序。花椒花为单性花，单花不完全，雌雄同株或异株。每朵花有萼片 7～11 片、多为 8 片，雌蕊 2～4 个、多为 4 个，簇生。由风做媒而授粉，因此花期遇阴雨影响授粉，可导致大量落花落果。在同一小花柄上的几朵花只要有 1 朵花授粉受精，即可保证全部不脱落：凡是落果的，经解剖观察，同一果柄上的果粒均为败育胚。

花椒授粉受精后柱头由淡黄色变为枯黄色，随后枯萎，6～10 天后子房膨大，果实开始生长发育。

果实于 5 月中旬至 6 月中旬为迅速膨大期，以后生长逐渐减慢。果实为蓇葖果，无柄，圆形，横径 3.5～6 毫米，表皮有明显的疣状突起，1～4 粒着生于基座。果实 7 月中旬硬核并着色。果实成熟期因品种不同而异，早熟种 7 月下旬至 8 月初成熟，晚熟种 9 月上旬成熟。成熟的果实为浅红色，有浓郁的香味。

同一个果穗中的果实前期发育很不整齐，大小也不一致。1 个果穗的速生期为 25 天左右，每一果实的速生期为 14～16 天。

果面密布腺点，中间有一条不太明显的缝合线。成熟果实晒干后沿缝线两裂。果皮两层，外果皮红色或紫红色，内果皮淡黄色或黄色。果实有种子 1～2 粒、黑色，有较厚的蜡质层。从雌花柱头枯萎开始发育到完全成熟为止是果实成熟发育期，一般南方地区时间较长，北方地区较短，华北地区早熟种 80～90 天，晚熟种 90～120 天。果实生长发育可分为坐果期、速生膨大期、缓慢生长期、着色期、成熟期。

（5）花椒根系生长　花椒根系由主根、侧根和须根组成。根系较浅，主根不明显，主根上可分生出 3～5 条粗而壮的一级侧根，侧根较发达，呈水平状向四周延伸，同时分生出小侧根。由主根和侧根上发出多次分生的细短网状须根，须根上再长出大量的短的吸收根，作为吸收肥水的主要部位。根系没有自然休眠，可全年不断生长；但由于低温限制，根系生长表现为一定的周期

性，春季10厘米地温达5℃以上时开始生长，有3次生长高峰期：第一次在3月5日至25日约20天发根期，到4月5日达高峰，然后迅速减少，进入发根低潮；第二次在6月中旬至7月中旬，高峰期在7月上旬；第三次在9月上旬至10月中旬，发根时间长，但密度小，发根特点是白色吸收根多。之后，随着地温下降，根的生长越来越慢，并逐渐停止。花椒根系具有强烈的趋温性和趋氧性，喜欢在疏松透气的土壤中生长。

3. 生长发育与环境条件

（1）**温度**　花椒属温带树种，适应范围很广，在年平均气温8℃～16℃的地方均可生长。但以10℃～14℃的地方较好，冬季一般不会受冻害，产量较稳定。春季平均气温稳定在6℃以上时芽开始萌动，10℃时发芽生长。花期适宜温度为16℃～18℃，果实生长发育期适宜温度为20℃～25℃。春季气温对花椒当年产量影响最大，特别是倒春寒常造成减产。花椒抗寒力较强，但幼树、老龄树较差，冻害是造成减产的主要原因之一。幼树能耐受−18℃～−20℃的低温，10年以上大树可耐受−20℃～−23℃的低温。冬季极端温度低于−18℃或−20℃，花椒幼树或大树就可能受冻害。

（2）**降水量**　花椒较耐旱，对水分要求不高，过度潮湿极不利于生长，短期积水或冲淤造成板结能使椒树死亡。一般年降水量500毫米、降雨分布均匀，就可满足需求。年降水量500毫米以下地区，只要在萌芽前和坐果后各浇1次水，也能满足正常生长和结果的需要。遇严重干旱，花椒叶会发生萎蔫，短期遇水仍能恢复生长。这些特点说明花椒树对水分的需求量不大，但要集中在生育期内，特别是生长前期和中期。水分过多，易发生病虫害，且因湿度过大、热量减少，反而不利于花椒生长与果实膨大成熟，严重的甚至造成根系窒息死亡；水分过少，易造成干旱，生长前期影响开花结果造成生理落果，后期果实膨大期不利于物质的积累，易导致减产。特别是4～5月份，进入开花结果期，

对水分十分敏感，需水量较多。花椒根浅，因而难以忍耐严重干旱，当土壤含水量低于10%时，叶片会严重萎蔫，低于6%时会导致植株死亡。根系耐水性差，土壤含水量过高、排水不良，会使树体生长不良甚至死亡。生产中要满足开花至结果关键期的需水要求。

（3）**光照** 花椒属喜光树种，一般年日照时数应在1800～2000小时及以上，特别是7～8月份，花椒果实着色成熟期是需光的关键时期。所以，在建园时应注意合理密植，在管理上应合理整形修剪，不断改善光照条件。

（4）**土壤** 花椒根浅，主要根系分布在地面60厘米的土层内，一般土层厚80厘米左右即可基本满足生长的要求。土壤疏松、保水保肥性强、透气良好的沙壤土和中壤土适宜花椒生长发育，沙土和黏土不利于生长。花椒对土壤的适应性很强，除极黏重土壤和粗沙地、沼泽地、盐碱地外，一般的沙土、轻壤土、黏壤土及山地碎石土都能栽培。花椒主要栽植于山地，通过修筑水土保持工程，进行局部土壤改良，可取得较好效果。土壤酸碱度在pH值6.5～8范围内均可栽植，但以7～7.5生长结果最好。花椒喜钙，在石灰岩山地生长尤好。花椒树根浅，难于耐受严重干旱，黏质壤土含水量低于10.4%时，叶片出现轻度萎蔫（一般中午萎蔫，早晚恢复），低于8.5%时出现重度萎蔫（叶片早晚也难复原），降至6.4%以下时即会导致植株死亡。花椒耐水性较差，据朱健等盆栽试验，渍水5天，叶片变黄；渍水7～10天，则因根系窒息而死亡。所以，花椒不宜栽植于低洼易涝处。

（5）**地势** 花椒主要栽植于山地，适宜在地势开阔、背风向阳处生长。山区地形复杂，地势变化大，气候和土壤条件差异较大，对花椒生长结实有明显影响。我国花椒栽培区主要在北纬25°～40°，从垂直分布看，纬度越高，垂直分布越低；纬度越低，垂直分布越高，这是由于温度随海拔升高而递减所致。太行山、吕梁山、山东半岛等地，主要分布在海拔800米以下。秦岭

以南，多分布于海拔 1 500～2 600 米。

一般情况下，山脚下的坡度小，土层深厚，肥力和水分条件较好。地势越陡，径流量越大，流速越快，冲刷力也越强，从而造成土壤贫瘠，水分条件也差，花椒生长发育也较差。坡向主要影响光照的长短，花椒树喜光，阴坡光照差，生长发育不良，所以我国山地栽培花椒多在阳坡和半阳坡。花椒易遭冻害，阴坡由于光照不足、温度低、枝条木质化程度差，耐寒力低于阳坡和半阳坡。

三、主要栽培品种

1. 狮 子 头

2005 年由陕西省林业技术推广总站与韩城市花椒研究所从大红袍种群中选育而成。树势强健、紧凑，新生枝条粗壮，节间稍短，1 年生枝紫绿色，多年生枝灰褐色。奇数羽状复叶，小叶 7～13 片，叶片肥厚，钝尖圆形，叶缘上翘，老叶呈凹形。果梗粗短，果穗紧凑，每穗结果 50～80 粒。果实直径 6～6.5 毫米，鲜果黄红色，干制后大红色，千粒重 90 克左右，干制比 3.6～3.8∶1。物候期明显滞后，发芽、展叶、显蕾、初花、盛花、果实着色均较一般大红袍晚 10 天左右，成熟期较大红袍晚 20～30 天。在同等立地条件下，一般较大红袍增产 27.5%。品质优，可达国家特级花椒标准。

2. 无 刺 椒

2005 年由陕西省林业技术推广站与韩城市花椒研究所从大红袍种群中选育而成。树势中庸，枝条较软，结果枝易下垂，新生枝灰褐色，多年生枝浅灰褐色，皮刺随树龄增长逐年减少，盛果期全树基本无刺。奇数羽状复叶，小叶 7～11 片，叶色深绿，叶面较平整，呈卵状矩圆形。果柄较长，果穗较松散，每果穗结果 50～100 粒，最多可达 150 粒。果柄较短，果穗紧密。果粒

中等大，直径 5.5～6 毫米，鲜果浓红色，干制后大红色，鲜果千粒重 150 克左右，最大千粒重可达 200 克。7 月中下旬（云南、重庆一带）至 8 月中下旬（冀南太行山区）成熟。成熟果枣红色，干制比 4∶1。物候期与大红袍一致，同等立地条件下，一般较大红袍增产 25% 左右。品质优，可达国家特级花椒标准。

3. 大 红 袍

别名凤椒、狮子头、太红椒、圪瘩椒，为我国劳动人民在长期的栽培过程中选择出的农家品种。树高 2～4 米，枝形紧凑，长势强，分枝角度小，半开张。叶深绿色、肥厚，小叶 5～11 片，叶片广卵圆形，叶尖渐尖。多年生茎干灰褐色，节间较短，果梗粗壮，果穗大、紧密，每穗有果 30～60 粒，多者达百粒以上。果实近于无柄，处暑后成熟，熟后深红色，晾晒后颜色不变，表面有粗大的疣状腺点。千粒鲜重 85～92 克，出皮率 32.4%，干果皮千粒重 29.8 克，4～5 千克鲜果可晒干 1 千克。1 年生苗高达 1 米，3 年生树即可挂果，10 年生树单株产干椒 1～1.8 千克，15 年生树一般株产量 4～5 千克、最高可达 6.5 千克，25 年后仍有 1.7～4.1 千克的产量。果粒大，果粒直径 5～5.6 毫米，纵横径比值近 1∶1；色泽鲜艳，品质好。枝干皮刺少，采摘比较方便。喜肥水，抗旱性、抗寒性较差，若立地条件瘠薄，易形成小老树。

4. 大 红 椒

又称油椒、二红椒、大花椒、二性子。主要在四川的汉原、泸定、西昌等县栽培，近年在四川的乐山、宜宾、内江，还有重庆等地也有种植。树体为多主枝半圆形或多主枝自然开心形，盛果期大树高 2.5～5 米，树势强健，分枝角度较大，树姿较开张。1 年生枝褐绿色，多年生枝灰褐色。皮刺基部扁宽，随着树龄的增大常从基部脱落。叶片较宽大、卵状矩圆形，叶色较大红袍浅，腺点明显。果实较长，果穗较松散，每穗结果 20～50 粒，最多达 160 粒。果粒中等大，直径 4.5～5 毫米，成熟时鲜红色，

表面有粗大疣状腺点，鲜果千粒重 70 克左右，晒干后呈酱红色。8 月中下旬成熟，每 3.5～4 千克鲜果可晒制 1 千克干椒皮。品质麻香味浓。喜肥水，产量稳定。

5. 小 红 椒

也称小红袍、米椒、枸椒、小椒子、黄金椒、马尾椒，河北、山东、河南、山西、陕西等地有栽培，以山西东南部和河北西部太行山地区较多。树体矮小，分枝角度大，树姿开张，盛果期大树高 2～4 米。1 年生枝褐绿色，多年生枝灰褐色。枝条细软，易下垂。萌芽率和成枝率强。皮刺小，稀而尖利，基部木栓化强呈台状，随着树龄的增加，从基部脱落。叶较小、薄，色较淡。果梗较长，果穗较松散。果粒小，直径 4～4.5 毫米，鲜果千粒重 58 克左右，成熟时鲜红色，晒制后颜色鲜艳。麻香味浓，特别是香味大，品质好，出皮率高，每 3～3.5 千克鲜果可晒制 1 千克干椒皮。果皮香味浓，种子小。8 月上中旬成熟，果穗中果粒不甚整齐，成熟也不一致，耐旱力差，成熟后果皮易开裂，采收期短。

6. 白 沙 椒

也称白里椒、白沙旦，山东、河北、河南、山西栽培较普遍。树体分枝角度大，树势开张、健壮，盛果期大树高 2.5～5 米，1 年生枝淡褐绿色，多年生枝灰褐色，皮刺大而稀，多年生枝皮刺常从基部脱落。叶片较宽大，叶轴及叶背稀有小皮刺，叶面腺点较明显。果梗较长，果穗蓬松，采收方便。果粒中等大，鲜果千粒重 75 克左右，8 月中下旬成熟。成熟果实淡红色，晒干后褐红色，内果皮白色。耐贮藏，晒干后放 3～5 年香味仍浓，且不生虫。3.5～4 千克鲜果可晒干椒皮 1 千克。风味中上等，但色泽较差，市场上不太受欢迎。发育期短，结果早，丰产性强，无隔年结果现象，产量稳定。

7. 秦安 1 号

20 世纪 90 年代甘肃省秦安县从大红袍中选育出的优良短枝

型新品种，也叫大狮子头。早熟、丰产、优质，性状稳定，抗逆性强，采摘容易，适生范围广。1～2年生苗木枝条绿红色，小叶边缘锯齿处腺体更明显，小叶9～11枚。叶大、肉厚，皮刺大，叶片正面有些突出的较大的刺，背面有些不规则的小刺。1年生苗高20～35厘米，地径0.4～0.6厘米。3～5年生树，树皮青绿色、微黄，自然成形，主、侧枝相当明显。侧枝一般3～6个，丛生枝、徒长枝少，结果枝多。短枝比例90%以上，平均成枝率1%。结果枝一般长7.5～13厘米，其上形成花芽平均6.3个，结果层厚，果实成熟期一致。果实紧凑，果穗大，球形果集中，每穗一般有121～171粒，故有串串椒和葡萄椒之称。喜土壤肥沃、有灌溉条件处生长，不怕涝，耐寒、耐旱性强。早熟，成熟期为7月下旬，从开花到果实成熟只需84天，丰产8年生树平均株产鲜椒15.61千克，比同等土地条件8年生大红袍平均单株产鲜椒多6.71千克，且品质优良。喜肥水，耐瘠薄，具有较强的抗冻力，克服了大红袍怕涝、积水易死、寿命短等缺点。

8. 正路花椒

又称南路花椒。树高2～4米，树势中庸，开张，枝条短而密，新梢绿红色，小叶5～11片，叶片较小、无柄、纸质、椭圆形或近披针形，叶缘锯齿不明显，齿缝有透明腺点。叶轴多有小刺，全树多皮刺。果实成熟时鲜红色，干后紫红色。果大肉厚，果面密生突起半透明芳香油脂腺体。7～8月份成熟，制干率较高，4～5千克鲜椒可制干椒皮1千克。在海拔700～2 700米处均可栽培，主产甘肃、山西、陕西、河南、四川、山东等省。早熟、丰产，实生苗3～5年可结果，8～10年进入盛果期，株产干椒2千克左右。果实麻味素含量高，油质重，香气浓郁，品质上等。

9. 汉源葡萄青椒

从四川省汉源县发现并选育的适应高海拔的青花椒新品种。树势偏强，树形为丛状或自然开心形，树高2～5米，冠径2～5

米。树干和枝条上均具有基部扁平的皮刺，枝条柔软，呈披散形。奇数羽状复叶、互生，小叶 3～9 片，叶片披针形至卵状长圆形，叶缘齿缝处有油腺点。聚伞状圆锥花序腋生或顶生。花期 3～4 月份，果期 6 月份至 8 月下旬，种子成熟期 9～10 月份，随海拔和气温不同略有差异。果穗平均长 9.8 厘米，平均结果 73 粒。果实为蓇葖果，平均直径 5.61 毫米，果实表面油腺点明显、呈疣果，颗粒大，皮厚，果实成熟时果皮为青绿色，干后为青绿色或黄绿色，种子成熟时果皮为紫红色。干果皮平均千粒重 18.91 克。种子 1～2 粒，呈卵圆形或半卵圆形，黑色有光泽。定植 2～3 年投产，6～7 年进入盛果期，连年结实能力强且稳产性好。多年来在海拔≤ 1 700 米地区未见冻死植株，偶见枝条先端细嫩部分有冻伤；在极度干旱条件下叶会脱落，但适时补水后植株仍能恢复正常；栽培区未见根腐病等致命性病害。

10. 汉源无刺花椒

四川省汉源县进行乡土优良花椒资源调查时发现并经选育而成的优良花椒新品种，其母本为大红袍。定植 2～3 年后可开花挂果，枝条萌蘖强，树势易复壮，丰产和稳产性好，耐旱和耐寒能力强，能适应干热、干旱及高海拔地区。该品种为落叶灌木或小乔木，树势中庸，树形呈丛状或自然开心形，树高和冠径一般均为 2～5 米。树皮灰白色，幼树有突起的皮孔和皮刺，刺扁平且尖，中部及先端略弯，盛果期果枝无刺。奇数羽状复叶、互生，叶片表面粗糙，小叶卵状长椭圆形且先端尖，叶脉处叶片有较深的凹陷，叶缘有细锯齿和透明油腺体。花为聚伞圆锥形花序腋生或顶生。果穗平均长 5.1 厘米，果柄较汉源花椒稍长，果皮有疣状突起半透明的芳香油腺体，在基部并蒂附生 1～3 粒未受精发育而成的小红椒。椒果熟时鲜红色，干后暗红色或酱紫色，麻味浓烈，香气纯正，干果皮平均千粒重 13.081 克，挥发油平均含量 7.16%。种子 1～2 粒，呈卵圆形或半圆形，黑色有光泽。3 月下旬至 4 月上旬为花期，7 月中旬至 8 月中旬为果实成熟期，

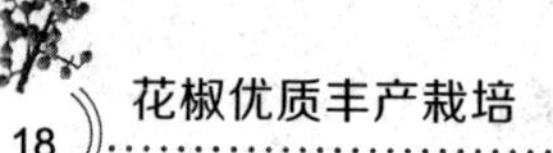

比汉源花椒提前成熟 15 天左右，10 月下旬落叶，随海拔高度不同略有差异。定植 2～3 年投产，6～7 年丰产，正常管理条件下树冠投影面积鲜椒平均产量达 1.255 千克 / 米 ^{2}，丰产和稳产均性好。

第二章

花椒苗木培育

一、实生苗培育

1. 种子采集

选择生长健壮、结果多、丰产稳产、品质优良、无病虫害的中年树作采种树，种子必须充分成熟。采收过早，种子未充分成熟，种胚发育不全，储藏养分不足，生活力弱，发芽率低；采收过晚，种子自行脱落，难以采收。果实成熟的标志是具有本品种特有色泽，种子呈黑色、有光泽，有2%～5%的果实开裂时采收。采收最好在晴天中午进行。采回后及时阴干：选通风干燥处，薄薄摊放一层，每天翻动3～5次，待果皮开裂后，轻轻用木棍敲击，收取种子。收取的种子要继续阴干，不要堆积在一块，以免霉烂。如果用种量大，可将果实在阳光下摊放晾晒，但要随时用小木棍敲击、翻动，每翻动1次收取1次种子，切忌在阳光下长期暴晒而降低发芽率。收取的种子可随时播种。如果外地采种，要进行水选，除去空秕，以减少运输量。用25%碱水脱脂，阴干后用小袋包装，可保证种子发芽力。每1 000克花椒种子约有5万粒，为了既不降低花椒果皮的商品价值，又能维持种子发芽力，也可在摘收后及时摊放在露天土场或芦席上暴晒，1～1.5小时后收集种子获得净种。切不可在水泥地上暴晒，以免烫伤种胚，降低发芽率。

刚脱出果皮的种子，湿度较大不宜贮藏，若不及时播种应晾放在干燥、通风的场所阴干，不可在阳光下暴晒。这是因为椒籽为黑色，吸热多，在太阳暴晒下酶的活性降低，容易丧失发芽力。

花椒种子不易发芽的原因是抑制物质的存在，这种抑制物对胚根和芽鞘的生长有明显的抑制作用，生产中可以通过脱油脂或浸泡、淋洗等方法降低抑制剂的含量。播种用的种子在秋天成熟后采收，一定要放在阴凉处风干，切勿暴晒，并及时进行种子处理。从外地调入的种子应首先判明这些种子是阴干籽还是晒干籽。鉴别方法：一是用眼观察，阴干种子外皮较暗、不光滑，种壳较脆；晒干种子，因种内油分在高温下外渗，表面光滑有光，种壳硬度大。二是花椒籽的种阜（花椒种子与果皮连接的部分）形态，阴干种子的种阜组织疏松，似海绵状；晒干籽因种内油脂外溢，种阜干缩结痂。三是用锋利小刀切开种子，阴干籽的种仁白色，呈油渍状，粘在一起；种仁呈黄色或淡黄色，似粘非粘的，不是晒干的就是人工加热处理的种子，或是未阴干堆放后发热变质的种子。阴干籽出苗率达89%～92%，而晒干籽播后千粒难得出1株苗。所以，提高采种水平、获取优质种子是培育优质壮苗的关键技术。

2. 种子贮藏

种子采收后，除秋季随采随播以外，一般需经过冬季贮藏后春季播种。贮藏种子应保持低温（0℃～5℃）、低湿（空气相对湿度50%～60%）和适当通气。常用的贮藏方法有以下几种。

（1）罐藏法　把阴干的新鲜种子放入罐中，加盖，置干燥、阴凉的室内，注意不能密封。这样保存的种子，播前必须经脱脂及催芽处理。

（2）牛粪饼贮藏法　将1份种子拌入3份鲜牛粪中，再加入少量草木灰（或牛粪、黄土、草木灰各等份），拌匀后掐成拳头大的团块，甩在背阴墙壁上（或掐成饼，在通风背阴处阴干，堆

积贮藏），翌年春天取下打碎后可直接播种，或经催芽处理后播种。此法贮藏的种子发芽率最高。

（3）**牛粪掺土埋藏法**　在潮湿的牛粪内掺入1/4的细土搅匀，再将种子放入拌匀，使每粒种子都粘成泥球状，然后在排水良好的地方挖深83厘米的土坑（长、宽根据种子量确定），先在坑中央竖立一束草把，坑底铺6厘米厚的粪土，将种子倒入坑内，直至与地面平齐为止。再在种子上面盖草、填土，并封成土丘状，注意要让草把露出土丘。春播前，进行经催芽处理，发芽率可达29%。

（4）**泥饼堆积贮藏法**　将新鲜种子于秋后用水漂洗，混合于种子4～5倍的黄土和沙土，黄土和沙土的比例为2∶1，加水搅拌揉搓成泥，做成约3厘米厚的泥饼，贴在背阴防雨的墙上。也可置阴凉处阴干，然后将干燥的种子盛入开口的容器或装入袋中，不可密闭，放在通风、阴凉、干燥、光线不能直射的房间内。注意不要在缸、罐及塑料袋中贮放，以免妨碍种子呼吸，降低发芽力。贮藏期间，经常检查，避免鼠害、霉烂和发热。

（5）**湿沙层积贮藏法**　有室外层积法和室内层积法两种。前者是将种子阴干后，选排水良好处挖深1米的土坑，坑底铺一层厚6～10厘米湿沙，竖通风草把一束，再将拌入2倍湿沙的种子倒入坑内、厚6～10厘米。这样一层沙子一层种子，直至与地面平后用土封成土丘，注意草把必须露出地面。春播时，经催芽后播种，发芽率可达45%。后者是在室内用砖等砌成高1米、长宽依种量而定的坑，将种沙混合后直接倒入坑内，堆至高50～60厘米，再封顶。

（6）**小窖贮藏法**　选取土壤湿润、排水良好的地块，挖口径1米、底径30厘米、深70厘米的小窖，把种子在窖底摊10～15厘米厚，覆土约10厘米厚，灌水约40升，等水下渗后再盖一层厚3厘米的湿土，窖顶盖些杂草。翌年春季当种子膨胀、裂口时，即可取出播种。

（7）土坯干藏法 把1份种子与1.5～2份壤土掺和拌匀，加水湿润，做成薄的泥坯或抹到背阴墙上，做成的坯应放于通风、阴凉、干燥的室内阴干。

（8）干灰贮藏法 将1份种子与1.5～2份草木灰掺和均匀，摊放3.5～7厘米厚，于通风干燥的室内贮藏。

3. 种子处理

花椒种壳坚硬，外面具较厚的油脂蜡质层，不易吸收水分，而且秕种、空种多，生活力仅为25%～45%，发芽困难。而且种皮组织中所含的能溶于水的发芽抑制剂常导致种子休眠，所以干藏的种子在春播前必须进行选种和脱脂处理。不进行处理的干籽播后需50～60天后才陆续发芽，且发芽率很低，出苗极不整齐。催芽处理前进行选种，通常用水选法，即将种子放入水缸或盆中，加水揉搓，除去上浮秕种和杂物，即得纯净种子。常用的催芽处理方法有以下几种。

（1）开水烫种 将种子放入缸中，倒入种子量2～3倍的沸水，急速搅拌2～3分钟后注入凉水，至不烫手为止，浸泡2～3小时。换清洁凉水继续浸泡1～2天后捞出，放温暖处盖几层湿布，每天用清水淋洗2～3次，3～5天后有白芽突破种皮时即可播种。

（2）碱水浸种 此法适宜春秋季播种时使用。将种子放入碱（碳酸钠）水中浸泡（5升水加碱面或洗衣粉50克，加水量以淹没种子为度）2天，除去秕籽，反复搓洗种皮，捞出后用清水冲净碱液，再拌入沙土或草木灰播种。秋播时也可不做处理，直播种于田间，让种子外皮的油脂、抑制剂在土壤微生物及土壤变温作用和降雨条件下自行分解。

（3）湿沙混合催芽法 将种子与3倍的泥沙混合，放阴凉背风、排水良好的坑内，每10～15天倒翻1次。播前15～20天移到向阳温暖处堆放，堆高30～40厘米，上面盖塑料薄膜或草席等，洒水保温，每1～2天倒翻1次，种芽萌动时播种。

（4）**牛粪混合催芽法**　在排水畅通处，挖深30厘米的土坑，将椒籽、牛粪或马粪各1份搅匀后放入坑内，灌透水后踏实，坑上盖3.5厘米厚的湿土一层，此后以所盖的土不干为宜。温度过高时，上面土层变干后加水，7～8天即可萌芽播种。

（5）**揉搓处理**　将种子于水泥地或砖地上平摊一薄层，然后将种子反复揉搓，切忌用力过大将种子压破，搓至种子用手摸起来发涩无光滑感、用眼看无光泽、种子表面呈麻点状凹凸不平即可。

（6）**人尿浸种**　将种子倒入新鲜人尿中，经常加尿搅拌，经7天后将尿液滤出，加温水搓去种子油皮，然后混合沙子放入窖内，播时连沙一起播种。

4. 播种育苗

（1）**苗圃地选择**　苗圃地应选择有灌溉条件或接近水源、排水良好、背风向阳、稍有坡度的开阔地，土层应深厚，以沙质壤土或壤土地较好。土壤pH值应在7～8，酸碱度呈中性或微碱性。缓坡地排水快，不易积蓄过多的水分，而且通气好，冷空气不易积聚，可减少寒害；同时，缓坡地可利用自流灌溉，节省劳力，降低育苗费用。坡向一般以南坡、东坡或西南坡为好。苗圃地要注意轮作，已育过花椒苗的地最好隔2～3年再用，否则会使苗木发育不良。

平地建苗圃，管理较方便，只要排水良好也可选用，平地地下水位宜在1～1.5米及以下，地下水位过高的地块，要做好排水工作。高山、风口、低洼地及坡度大的地块均不宜作苗圃。

（2）**整地做畦**　苗圃地深翻20～40厘米，过浅不利蓄水保墒和根系生长。结合耕翻，每667米^{2}施腐熟农家肥500～1 000千克，有条件的还可施过磷酸钙25～50千克、草木灰50千克作基肥。

播种圃在地表10厘米以内不能有大的土块，要求整地细碎，做到耙平耙透，达到平、松、匀、碎，上虚下实。上虚有利于幼苗出土，还可减少土壤水分蒸发；下实可满足种子萌发所需要的水分，上虚下实的配合才能给种子萌发创造良好的土壤环境。春播的，还可翌年春季“顶凌”时耙地。

培垄做畦，畦宽 1～1.2 米，畦长 5～10 米，埂宽 30～40 厘米，每畦种 3～4 行，做畦时要留出步道和灌水沟。地势低洼，土质黏重，但灌溉条件好的地方，亦可采用高畦育苗，高畦不易板结，便于幼苗出土和起苗，高畦的畦面可高出步道 30～40 厘米。也可采用高垄育苗，高垄下底宽 60～70 厘米，垄面宽 30～40 厘米，垄高 15～20 厘米。播前 5～7 天，于畦面喷洒 1%～3% 硫酸亚铁溶液进行灭菌，同时每 667 米^{2}用 5% 甲萘威颗粒剂 4～5 千克均匀施入，进行土壤灭虫。

（3）**播种期** 春播一般在春分前后下种，秋播可在立冬前后下种，以秋播较为理想。

①秋播 种子采收后到土壤结冻前进行播种，种子不需进行处理，且翌年春季出苗早，生长健壮。秋播又分早秋播和晚秋播。早秋播也称随采随播，在种子采收后立即播种，不必晾晒，也不需要处理，当年即可出苗。据河北省涉县田家村试验，该地海拔 220 米，当年冬季极端最低温度 -13.7℃，于 8 月 15 日播种，9 月上旬出苗，10 月中旬停止生长，苗高 2～2.3 厘米，有侧根 8～13 条，根长 5～8 厘米。地上部分木质化程度很差，冬季未采取防寒措施的地上部干枯，但翌年早春仍可在根颈部萌芽生长；冬季采取防寒措施，即在地面覆盖 3～5 厘米厚的马粪，即可安全越冬。所以，早秋播种适宜于比较温暖的地方，冬季过于严寒的地区不宜采用。同时，早秋播应尽量提前，以便延长苗木生长期，保证安全越冬。晚秋播种时应适当推迟至 10 月中旬至 11 上旬，以免种子刚发芽时土壤冻结。

②春播 春播一般在土壤解冻后进行。经过沙藏处理的种子，在 3 月中旬至 4 月上旬，10 厘米地温达 8℃～10℃时为适宜播种期。这时播种发芽快，出苗整齐。在较寒冷的地区以春播

为好，较温暖的地区春播、早秋播、晚秋播均可。

（4）**播种方法**　花椒播种分点播、条播和撒播3种方法。点播是按一定行株距将种子播入苗圃地上；条播是按一定行株距将种子播种到苗圃地上；撒播是将种子全面均匀地播种到苗圃地。撒播、条播或点播各有其优点和缺点。撒播能充分利用土地，苗木分布均匀，单位面积产量高，但播种量大，管理不方便。条播或点播，便于管理、节省种子，苗木生长健壮，但利用土地和产苗量不如撒播，生产中应根据树种和苗木培育要求加以选用。为节约种子，以条播为好，方法是在宽1米、长10米的畦面上开沟4条，沟间距20厘米，沟深5厘米，将种子均匀撒入沟后盖细土1厘米厚，然后盖秸秆，秸秆上再覆地膜，四周用土压实，提温保湿。出苗后揭去秸秆。秋播的，为了保墒也可在播种沟覆土4～5厘米厚，使之呈屋脊形，待快出苗时再扒平。干旱地区秋播苗田，在开春适时镇压一遍，出苗率会更好。春播的，若天气干旱应先浇水，待墒情适宜后再下种，下种后至出苗前一般不要浇水，以免土壤板结，影响出苗。秋播苗田可在3月中旬浇1次催芽水，合墒时及时用十字耙轻搂一遍，清除板结，使地面疏松。

在春季干旱又无灌溉条件的地区，秋播时隔24～27厘米开1条深5厘米、宽9厘米的沟，将种子均匀撒入沟中，再将沟两边的土培于沟上，开春后及时镇压。

花椒种子空秕粒较多，播种量应适当大一些。一般每667米^{2}播种量，经过漂洗的种子为8～10千克，未经漂洗的种子为10～15千克。花椒种子顶土能力差，覆土厚度应视土壤黏重程度及墒情而定，一般1～3厘米厚即可，土壤黏度较轻时覆土1厘米厚即可；过于黏重的土壤可用牛、马粪拌土覆盖，一般厚2厘米左右；旱塬疏松而干旱处育苗，覆土2～3厘米厚。只要能保持畦面疏松、湿润、增加种子吸水机会，覆土宁浅勿深。覆土后稍加镇压，使种子与土壤密接，增加种子吸水机会，利于出苗。旱

塬和土壤黏重处，播后最好喷1次水，先在畦面上覆盖一层草或牛粪等，再盖地膜，保持畦面湿润。

（5）播种后管理

①盖草和刮去覆土　苗圃地盖草可以增加土壤湿度，避免日晒雨淋，防止土壤板结和杂草滋生，同时可避免鸟兽危害。覆盖材料和厚度根据条件而定，用稻草类覆盖，其厚度为1～2厘米，也可用地膜覆盖，但覆草后再加盖地膜提温效果更好。当幼苗出土时，应分期分批撤除覆盖物。秋冬播种，特别是直播的，因种子含水量大，土壤温度较高，入冬前即有苗木出土，覆盖可以防冻。开春后及时检查种子发芽情况，如见少数种子裂口即可将覆土刮去一部分，保留2～3厘米厚；过5～7天种子大部分裂口，第二次刮去覆土，只剩1厘米厚左右，这样秧苗会很快出齐。如春播经过催芽的种子，播后4～5天即可刮去部分覆土，剩余覆土1厘米厚，这样3～4天幼苗即可出土，10天左右出齐苗。此法适用于易遭春旱的地区。

②间苗移苗　土壤墒情好，播种深浅得当，气候正常时，多数苗在惊蛰至清明前后开始出苗。出苗10天左右，苗高4～5厘米、有3～4片真叶时，结合除草进行间苗，每隔2～3厘米留一苗，间去密苗、弱苗及病虫害苗。苗高10厘米左右时定苗，苗距保持10厘米，每667米^{2}定苗2万株左右。间出的幼苗，可连土移到缺苗的地方，也可移到别的苗床地培育。幼苗以3～5片真叶移栽为好，在移栽前2～3天浇水，以利挖苗保根。阴天或傍晚移栽，可提高成活率。1年生花椒苗高达60～80厘米时即可出圃造林。

③防止日灼　幼苗刚出土时，如遇高温暴晒的天气，嫩芽先端往往容易枯焦，称为日灼，群众称为烧芽。播种后在床面上覆草，既能调节地温、减少蒸发，还可有效地防止日灼。幼苗出土后适时撤去覆草，过早达不到覆草的目的，过晚则影响幼苗的生长。覆盖物要分批撤去，一般从秧苗齐苗开始，到2片真叶时可

全部撤除。

④中耕除草　中耕可以疏松土壤，减少蒸发，防止板结，有利于苗木生长发育。当幼苗长10～15厘米时，要适时拔除杂草，以后随时进行中耕除草。一般在苗木生长期内应中耕锄草3～4次，使苗圃地经常保持土壤疏松、无杂草。松土深度3～6厘米，随苗木增大而加深。

⑤肥水管理　如播种地干旱，出土前应及时浇水。在不影响种子发芽的情况下春播地应尽量少浇，以免降低地温。缺水影响到出苗时可立即灌溉，最好喷灌，但浇水量宜小。浇水后合墒时，早晨地面潮湿时用十字耙轻耙地表使之疏松，然后尽可能盖地膜，保湿提温。苗出土后，5月中下旬开始迅速生长，6月中下旬进入生长最盛期，也是需要肥水最多的时期。这段时间可追肥1～2次，每667米^{2}可施硫酸铵或尿素20～25千克，或腐熟人粪尿1 000千克，促进苗木生长。对生长偏弱的，可于7月上旬再追1次速效氮肥。施肥后立即浇水1次，无灌溉条件的可抢在雨前施肥。追施氮肥不可过晚，以免苗木不能按时落叶，木质化程度差，不利于安全越冬。

苗期还可叶面喷施0.4%～0.5%尿素＋0.5%～1%过磷酸钙＋0.3%～0.5%氯化钾混合液。

幼苗出土前不宜浇水，否则土壤板结，幼苗出土困难。出苗后，根据天气情况和土壤含水量决定是否灌溉，一般当土表层5厘米以下出现干燥情况时浇水。花椒播种后，如土壤干燥，可随时浇水。出苗后，3～5月份苗木幼小，根系分布浅，抗旱力差，要采取多次浇灌；6～8月份，苗木进入速生期后需水量增加，同时正值夏季，天气炎热，苗木蒸腾和土壤水分蒸发量大，要注意及时浇灌。这时，苗木根系深入土层较深，可采用少次多量、一次浇透的方法，保证苗木的需水量。9月份以后停止灌溉，使之充分木质化，利于休眠越冬。适宜的土壤相对湿度为60%。一般施肥后随即浇1次水，使其尽快发挥肥效。浇水尽量在傍晚、

早晨或夜间进行，气温高的中午灌溉会使地温骤然降低，影响苗木生长。8月下旬后停止肥水，促进苗木健壮生长和木质化。花椒苗木怕涝，雨水过多时注意及时排水，避免积水。

砧木摘心能使植株加粗生长，摘心应在夏季、植株旺盛生长结束前进行。摘心过早，常刺激植株下部大量萌发副梢，影响嫁接；过晚则失去作用。一般在芽接前1个月，苗高30～40厘米时摘心为宜。

花椒苗期病虫害主要有叶锈病、蛴螬、跳甲、蚜虫、红蜘蛛等，要本着防重于治的原则加强防治。

二、容器育苗

1. 容器的种类

容器育苗是利用某种材料做成各种形状的容器，盛装营养土，或直接将营养土做成砖形，代替苗床的一种育苗方法。

（1）纸制营养袋 利用废旧报纸、书本纸等制成高8～12厘米、直径6～10厘米的平底圆袋，栽入林地后，苗根可以自由伸入土中。

（2）塑料薄膜营养袋 利用塑料薄膜做成高10～15厘米、直径6～10厘米的圆筒，不封底，以便造林时将袋退出，每个营养袋可使用2～3次。目前，国外利用塑料薄膜制作容器比较普遍，如加大的塑料弹壳（呈子弹形）、苯乙烯筒、多孔聚苯乙烯营养砖，这些容器育苗的优点是成本低、可重复使用、利于机械化育苗；但容器体积小，不用时占地较多，栽植速度和成活率尚不够理想。

（3）控根容器 北京中科环境工程有限公司利用澳大利亚彼得·劳顿发明的控根容器，由尖头薄片组成大小不同的容器，用秸秆、花生皮、生活垃圾、动物粪便等有机废弃物作原料，通气性好、保肥、保水、无毒、抗病，可促进根系发育，控制主根生

长，增加侧根生长量，促进苗木生长速度，保证反季节全果全冠移栽成活（图 2-1）。

图 2-1　控根容器的组成及容器

（4）**稻草混泥浆体营养钵**　制钵时先按高 15 厘米、直径 10 厘米制作一个圆柱木模型，然后将稻草与泥浆混合，混匀后卷到圆柱木模上去、厚度 0.8～1 厘米，封底后，随即拔出圆柱木模型，晒干即可。

（5）**营养砖**　制作前先按一定规格制作方格砖模，将营养土拌成泥浆，填满砖模，刮平后在每块砖中心压出播种穴，取出砖模即成。

2. 营养土的配制

营养土配制要因地制宜、就地取材。一般按肥土、菜园土、塘泥等占 60% 左右，火烧土占 30% 左右，腐烂的猪（牛）粪干、厩肥和饼肥等占 3%～5%，磷肥占 1%～3%，充分拌匀配制而成。也可用 6 份火烧土、4 份腐烂土加发酵后的饼肥配制而成。

3. 排杯和播种

为便于管理，可将容器排列成苗床式样，杯数最好取 10 的整数。排杯地点应选在造林地附近、灌溉方便处做床，先开出比地面低半杯的床面，然后在床面上排杯。排杯时，要注意用细土堵塞杯洞间的空隙。床面排完杯后，将掘出的土覆于床的四周，即成床高。排杯前，将培养土装满容器；播种时，先将容器内的营养土用水润透，每个容器内播种 2～6 粒，注意勿使种子重叠成堆；播后在种子上覆盖营养土 1 厘米厚，再盖细锯木屑一薄层，防止板结。

4. 容器的管理

播后立即喷水，搭建拱棚。棚内温度保持在 23℃～28℃，空气相对湿度保持在 85% 左右。苗进入速生期，分 3 次追施氮肥，8 月份改施钾肥。当秧苗长出第二片真片时间苗，并喷水，此期注意虫害防治。雨季即可出圃造林。

三、嫁接育苗

把树木的某一部分营养器官，如芽或枝条移植到另一株树木的枝干或根上，前者称接穗，后者称砧木。嫁接后之所以成活，是由于砧木和接穗切口处的形成层密接，由其产生的愈伤组织互相拥抱，进而沟通了它们的输导组织，使茎的功能继续进行。木本植物形成愈伤组织仅限于形成层和筛部，所以木本植物嫁接比草本植物要难得多。但只要选用具有良好亲和性的砧木和接穗进行嫁接，就能取得满意的结果。砧木和接穗经过愈合，形成输导组织，即成为一个新个体。嫁接育苗是花椒集约化经营育苗的方向，有广阔的前景。优点是能保持母株的原有丰产性状，获得遗传品质较好的优质苗木，而且可以提早结果。因为嫁接所采用的接穗，大多是从结果多年的树上采集下来的，已经达到性成熟的年龄，一般接后第二年即可挂果。另外，采用嫁接育苗，还可以增强椒树的适应性和抗病虫能力，加速优质品种的推广。

1. 嫁接准备

（1）接穗采集 采集接穗时应选择品种准确、树势健壮、丰产优质的壮年椒树作母树。用作接穗的枝条应是组织充实、芽子饱满、无病虫害，特别是没有检疫对象的 1 年生发育枝。

花椒嫁接分枝接和芽接，不同嫁接方法对接穗有不同的要

求。枝接接穗应在发芽前20～30天采集，选择5～10年生树龄、树冠外围发育充实、茎粗0.8～1.2厘米的发育枝。采回以后，将上部不充实的部分剪去，只留发育充实、髓心小的枝段，将皮刺剪去，按品种捆好。在冷凉的地方，挖1米见方的贮藏坑，分层用湿沙埋藏，以免发芽或失水。如需长途运输，可用新鲜的湿木屑保湿，再用塑料薄膜包裹，防止运输途中失水。芽接接穗也应选发育充实、芽子饱满的新梢。接穗采下后，留1厘米左右的叶柄，将复叶剪除，以减少水分蒸发，然后保存于湿毛巾或盛有少量清水的桶内，随用随拿。嫁接要用中部充实饱满的芽子，上部的芽不充实，基部的芽瘦小，均不宜采用。嫁接时将芽两侧的皮刺轻轻掰除。

（2）**砧木苗培育**　花椒砧木种类较多，除花椒本砧外还有山花椒、大青椒、竹叶椒、毛刺花椒、川陕花椒等。山花椒耐寒力强，用作砧木可以提高根系的耐寒力，适于我国北方较寒冷的地区。竹叶椒、毛刺花椒、大青椒耐寒力差，生长旺盛，适于沟谷、河滩较湿润的土壤条件。花椒本砧适于山地、丘陵和庭院四旁栽植。

砧木苗培育分为直播和育苗两种：在四川、云南、贵州等省的一些地方，将种子直接播种在栽植地，这种方法培育的苗木称为坐地苗。这种方法可以增强砧苗的适应性，也省去移苗工序，但管理不方便。播种时，挖50厘米×50厘米×40厘米的穴，回填混合均匀的肥土，每穴播种20～30粒，雨季时进行间苗，多余的苗也可移栽别处。为使苗木尽快达到嫁接要求的粗度，便于嫁接操作，一般按行距50厘米、株距10厘米，每667米^{2}留苗1.3万～1.4万株。

2. 嫁接时期和方法

（1）**嫁接时期**　根据当地的物候期选择适宜的嫁接时期。一般树液开始流动、生理活动旺盛时，有利于愈伤组织生成。我国北方黄河流域一带，枝接在3月下旬至4月下旬进行，芽接在8

月上旬至9月上旬进行。云南、贵州、四川等地，枝接在3月上中旬，芽接在6月份。嫁接前20天或1个月，把砧木苗距地面12～14厘米内的皮刺、叶片和萌芽全部除去，以利操作。同时，进行1次追肥和除草，促其健壮生长，接后易于成活。

（2）**嫁接方法**　目前，生产中应用最广泛的嫁接方法有芽接和枝接两种，凡是用1个芽片作接穗（芽）的叫芽接；用具有1个或几个芽的一段枝条作接穗的叫枝接，枝接包括劈接、切接、腹接等，芽接包括T形芽接、工形芽接等。

①劈接　劈接适宜于较粗大的砧木，一般多用于改劣换优。嫁接时，选择2～4年生苗，在离地面5～10厘米、比较光滑通直的部位锯断，用嫁接刀把断面削平，在断面中央向下直切一刀、深2～3厘米。然后取接穗，两侧各削一刀，使下端呈楔形，带2～3个芽剪断，含在口中。再用1个木楔将砧木切口撑开，将接穗插入，使砧木和接穗的形成层密接。取出木楔，用麻绳或马兰草从上往下把接口绑紧，如劈口夹得很紧也可不绑扎。绑缚时不要触动接穗，以免砧木和接穗的部位错开。用黄泥糊好接口，再培起土堆，土堆高出接穗顶端2～3厘米，以利保湿成活（图2–2）。

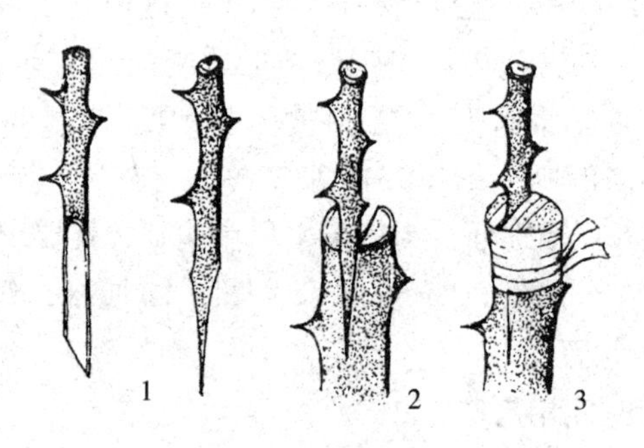

图2–2　劈 接 法

1. 削接穗　2. 插接穗　3. 绑缚

②切接　切接适用于1.5～2厘米粗的砧木。嫁接时在砧木离地面2～3厘米处剪断，选皮层厚、光滑、纹理通顺的地方，把砧木断面略削少许，再在皮层内略带木质部垂直切下2厘米左右。在接穗下芽的背面1厘米处斜削一刀，削去1/3的木质部，斜面长2厘米左右。再在斜面的背面斜削一小斜面，稍削去一些木质部，小斜面长0.5～0.8厘米。将接穗插入砧木的切口中，使砧穗两边形成层对准、靠紧。如果接穗比较细，则必须保证一边的形成层对准。接后绑缚和埋土方法与劈接法相同（图2–3）。

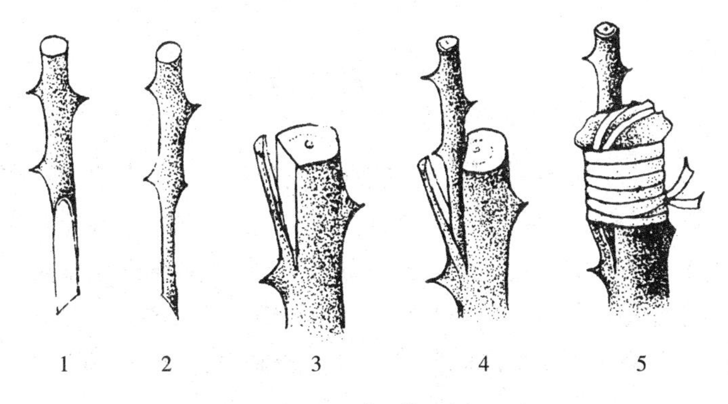

图2–3　切接法

1、2. 削接穗　3. 切砧　4. 插接穗　5. 绑缚

③舌接　舌接一般适用于1厘米左右粗的砧木，而且砧木和接穗粗度大致相同。嫁接时，将砧木在距地面10厘米左右处剪断，上端削成3厘米左右长的斜面，削面由上往下的1/3处垂直向下切一刀，切口长约1厘米，使削面呈舌状。在接穗下芽背面也削成3厘米左右长的斜面，在削面由下往上1/3处切一长约1厘米的切口。然后把接穗的接舌插入砧木的切口，使接穗和砧木的舌状部交叉接合起来，对准形成层向内插紧。如果砧木和接穗不一样粗，要有一边形成层对准、密接（图2–4）。

④皮下腹接　又叫插皮接，先在砧木离地6～10厘米高处

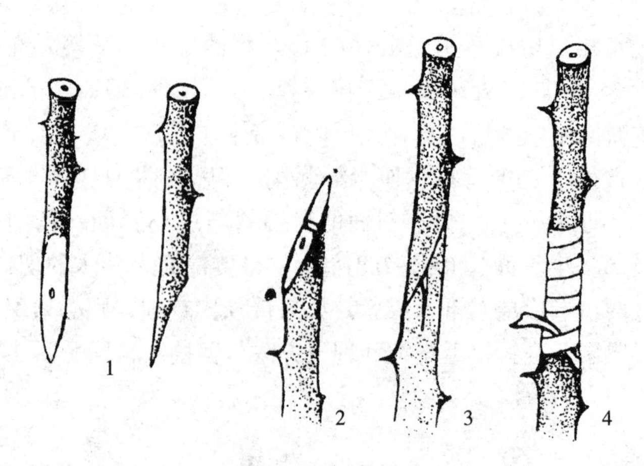

图 2–4　舌 接 法

1. 削接穗　2. 砧木　3. 接合　4. 绑缚

选一平滑面，用嫁接刀在此平滑面处的皮上划一个 T 形，深达木质部。然后用刀尖轻轻将划口的皮层剥开少许。接穗下部削成 0.5～8.1 厘米长的大斜面，在斜面的背面两侧轻轻削去表皮，使其尖端削成箭头状，削面要光滑。再将削好的接穗大斜面朝里插入砧木皮层与木质部之间的削口处，直到把接穗削面插完为止。最后用塑料薄膜条扎紧即成（图 2–5）。

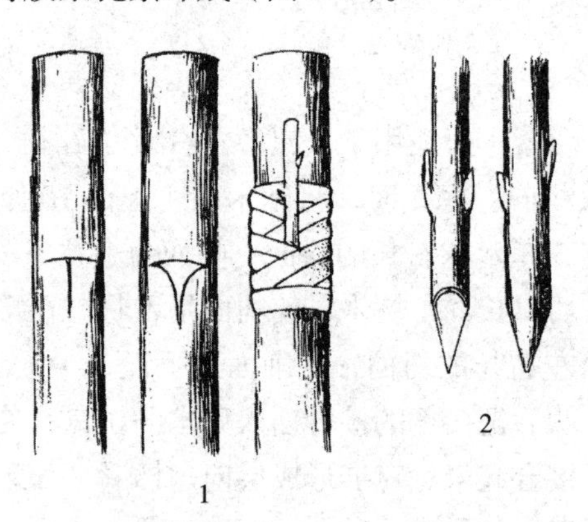

图 2–5　皮下腹接法

1. 砧木削法与嫁接　2. 接穗削法

⑤切腹接法　先在砧木离地面 5～10 厘米高处，用嫁接刀斜切一个 5～6 厘米长的切口，切深不超过髓心。接穗一侧削一个长斜面、长 5～6 厘米，背面削成 3～4 厘米的短斜面，长斜面的长度与切口长度相同。然后将接穗的长斜面向木质部、短斜面向皮层，对准形成层插入切口，接口上 5 厘米处剪断砧木，再用塑料薄膜条捆结实（图 2-6）。

⑥嫩梢接法　5 月底至 7 月初，利用尚未木质化的发育枝作接穗，随采随嫁接。选迎风光滑的砧木面切 T 形接口，横口长 1 厘米，纵口长 2 厘米，切深至皮层不伤及木质部，切口以上留 15～20 厘米长的砧桩，剪除砧梢。接穗先从正芽 3 厘米处剪去上梢，再从切口向下顺芽侧方斜切一刀，切下长约 1.5 厘米、带有 1 个腋芽的单斜面枝块，枝块上端厚 3～4 毫米。拔砧皮，将枝块插入接口，使接穗的纵切面与砧木的木质部紧贴，接穗横切口与砧木横切口密接，最后绑好接口（图 2-7）。

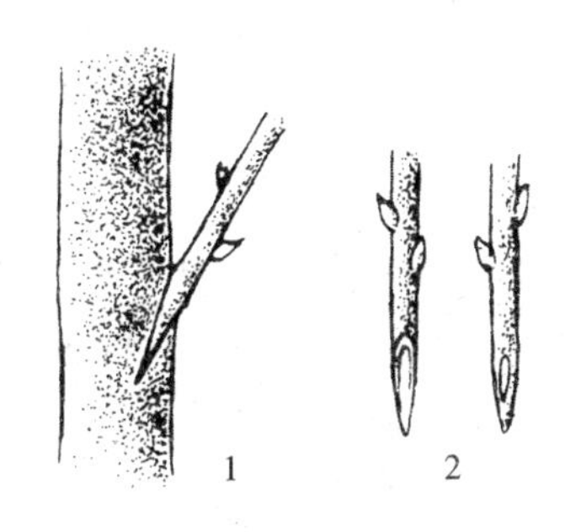

图 2-6　切腹接法

1. 嫁接法　2. 接穗削法

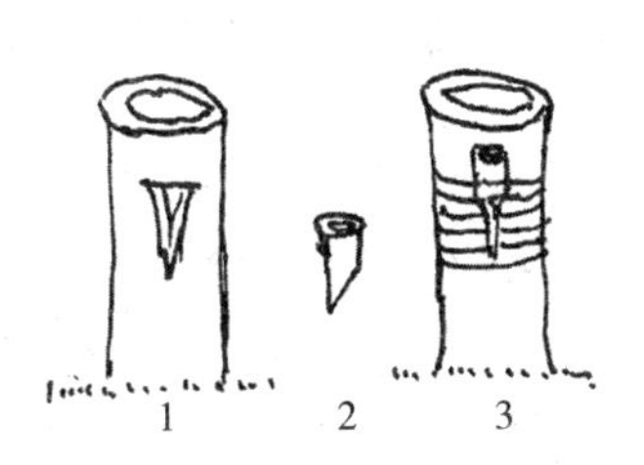

图 2-7　嫩梢接法

1. 砧木切口　2. 切接芽　3. 绑缚

⑦T 形芽接　又叫盾状芽接，花椒生长旺盛的 7～8 月份，在砧木离地 5 厘米左右处树皮光滑的部位先横切一刀，深达木质部，长 0.5～1 厘米；再在横切口下垂直竖刀切一下、长 1.5～2 厘米，使之呈 T 形。砧木切好后，在接芽上方 0.3～0.4 厘米处

横切一刀、长 0.5～1 厘米，深达木质部；再由下方 1 厘米左右处，自下而上，由浅入深，削入木质部，削到芽的横切口处，使之呈上宽下窄的盾形芽片，用手指捏住叶柄基部，向侧方推移，即可取下芽片。芽片取下后，用刀尖挑开砧木切口的皮层，将芽片插入切口内，使芽片上方与砧木横切对齐。然后用塑料薄膜条自上而下绑好，使叶柄和接芽露出。绑时松紧要适度，太紧太松都会影响成活（图 2–8）。

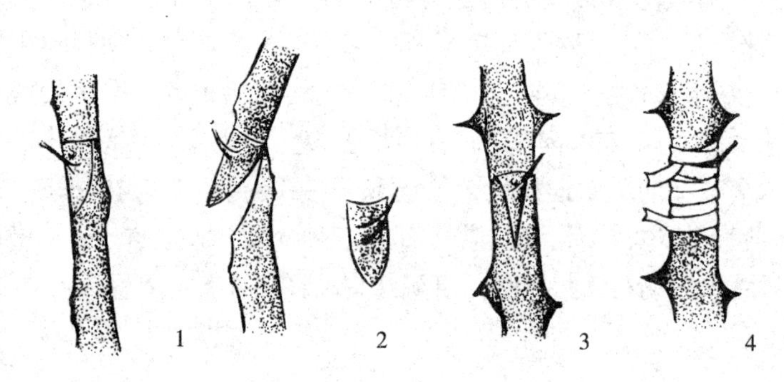

图 2–8　T 形芽接法

1. 削接芽　2. 芽片　3. 嵌入接芽　4. 绑缚

⑧方块形芽（嵌芽接）接法　和 T 形芽接法的区别在于，芽片切成约为 1 厘米 × 1.5 厘米的方块状，将芽片放在 5% 白糖液中浸泡不超过 10 分钟，或含于口中，或包于湿毛巾中，防止氧化。在砧木光滑处切除与芽片大小相同的砧木皮方块。将芽片植入砧木的切口内，沿芽片边缘用芽接刀划去芽片外砧木的表皮，露出芽眼和叶柄，扎好即可（图 2–9）。

3. 嫁接苗管理

（1）检查成活与解除绑缚　芽接在嫁接后 20 天左右进行检查，如接芽或接穗的颜色新鲜饱满，嫁接后已开始愈合或叶柄基部产生离层，叶柄自然脱落，或芽已萌动，证明嫁接已经成活了。如接穗枯萎变色，说明没有接活，应及时补接。如果嫁接较

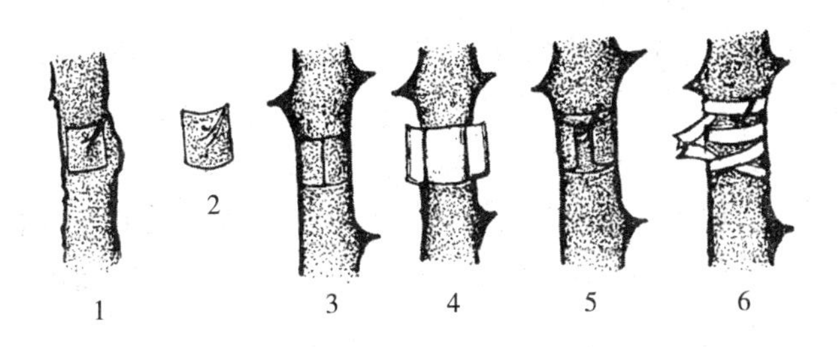

图 2–9　方块形芽接法

1. 削接芽　2. 芽片　3. 切砧木　4. 嵌接芽　5. 绑缚

早，一般来说，适当推迟解绑的成活率高，但过晚则影响加粗生长。枝接一般在 1 个月左右检查成活情况，埋土保湿的应在苗高 15 厘米左右铲平土堆，用塑料薄膜条绑缚的最好在苗高 30 厘米时解绑，过早愈合不牢，过晚影响生长。

（2）**解膜**　夏秋季嫁接的接芽或接穗成活萌芽时，即可解除薄膜袋。晚秋嫁接的当年芽不能萌芽，要到翌年发芽前才能解除。捆绑的薄膜条解早或解迟，均会对嫁接成活和以后接口的愈合造成影响。如果解绑过早，常因接口未成活好而致使成活率降低；如果解绑过迟，往往造成接口变形，影响苗木生长，或接枝将从嫁接口折断。

（3）**支撑**　当嫁接苗的新梢抽出 20 厘米长时，在苗干侧旁、接口的对面，插一根长约 50 厘米的竹棍，并用活“∞”形扣将新梢引缚于竹棍上，支撑新梢，以防风吹折劈。待新梢基本木质化或大风季节过后，要及时拔除支柱。

（4）**除萌**　嫁接成活后，从砧木上抽出的萌芽随时用手掰除或用小刀削除，以免与接穗争夺养分。但勿损伤接芽和撕破砧皮。

（5）**摘心**　待芽苗长到 50～65 厘米高时，可进行摘心，促使椒苗向粗生长，并发侧枝。

（6）**田间管理**　适时进行中耕除草，合理施肥，及时防治病虫害，保证椒苗正常生长。

（7）**剪砧**　芽接通常当年不萌芽，剪砧应在翌年春天发芽前

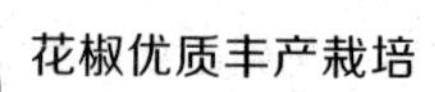

进行。剪砧时刀刃应在接芽一侧，从接芽以上 0.5 厘米处下剪，向接芽背面微下斜剪成马蹄形，这样有利于剪口愈合和接芽萌发生长。注意不要伤芽、破皮，以免造成死亡。

（8）**防寒保护** 冬季太寒冷的地区，芽接成活但没有萌发的嫁接苗，即通常说的半成苗易遭冻害，应在土壤结冻前培土或封垄进行保护。一般培土应高出接口 10～15 厘米，土壤含水分多时，培土后不要踏实。翌年春季发芽前要将培土除去，但土壤黏重、降水又多的地区，为防止接芽窒息死亡，不宜培土。有条件的地区，可用高粱秸、玉米秸或芦苇设防寒障，东西畦一般 8～10 畦设一道。设置这种防寒障，可以降低风速，增加积雪，保墒防寒。

四、扦插育苗

扦插育苗，是实现快速扩大繁殖的一种简易方法。由于花椒属于较难生根的树种，需要比较严格的温度、湿度、氧气、光照条件，目前生产中扦插育苗应用甚少，只是在特殊需要时才采用。据说，扦插育苗的成活率可达 75% 以上，最高可达 89.6%，与播种育苗相比成活率可提高 20 余倍。

五、压条育苗

花椒根颈部和主干上常萌发大量的萌蘖枝。我国西北一些地区，在需苗量少时，常用这种萌蘖枝压条繁殖苗木。春季萌芽前，在靠近萌蘖条的地方挖一小坑，一般直径 30 厘米左右、深 20～30 厘米。在萌蘖条靠近基部下侧剪 1 个三角形的缺口，以免弯曲时劈裂。然后将萌蘖条弯入坑内，先端露出 1/2 以上。在坑内最底部的枝条下侧，削长约 5 厘米的伤口，以利萌条发新根。最后用潮湿土埋好、踏实，封成土堆（图 2-10）。

压条后，一般60～80天生根。生根部位多在弯弓部位的刻伤处，靠近梢部多于靠近母株一边，当年最多可生根18条，根长7～20厘米。在7月中旬前后，可从母株连接部剪断，形成新株。因压条苗根系不发达，生活力较弱，当年移植成活率低，长势也弱，2年生移植苗较好。

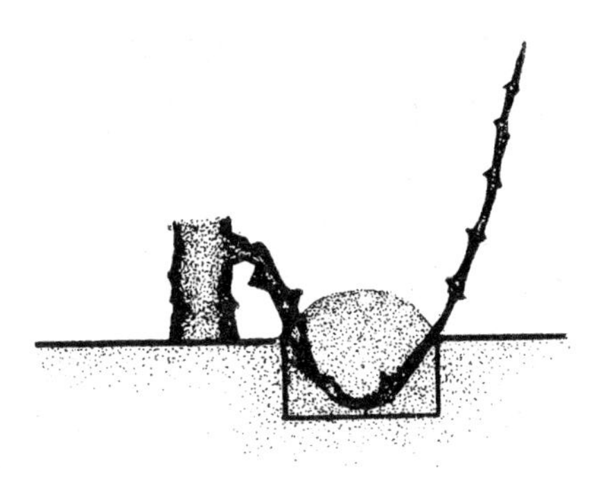

图2-10　压条育苗法

压条繁殖的苗木，生长量大，成苗快，一般第二年即可开花结果，第三年即有一定的产量，用于老椒园更新可以较快恢复产量。

六、分株与圈枝育苗

1. 分株育苗

又叫分蘖繁殖，是将花椒的萌蘖分割开来成为一个独立的新植株。用分株法繁殖的花椒苗，结果早，变异性小，但其寿命比种子繁殖要短些。方法：一是在春季花椒发芽前，用小刀在1～2年生的优良母株根蘖苗基部，将皮层环剥去一小段，埋于土内，让剥口处长出新根来，经过一个生长季节后，把分蘖苗切离母株。二是将分蘖苗基部用锋利小刀破削2/3后壅土生根。分蘖苗切离母株后，如蘖苗根长得好，即可直接移栽。如果根系长得不好，可假植于苗圃中，待新根发多后再移栽。

2. 圈枝育苗

我国湖南省湘西土家族苗族自治州等地，习惯于用圈枝移栽和插条育苗的方法繁殖花椒苗。所谓圈枝苗移栽方法，就是在开春气温逐渐升高、水分充足的时候，选择生长健壮、无病虫害的

1 年生枝条，以利刀横切至木质部，然后向上拉开 15 厘米左右，再将切破的一半拉离枝条，插到陶瓷罐内。罐底先通一气孔，罐中填满肥泥，罐子牢系在枝条上，然后给罐中淋足水分，罐面用棕片封扎，使天然雨水能浸湿罐土。翌年，当切枝生出须根后，即可剪下移栽（图 2–11）。如果没有陶瓷瓦罐，也可用整张棕片或塑料薄膜包泥封扎代替（图 2–12），注意扎紧两头，以防泥土散落。

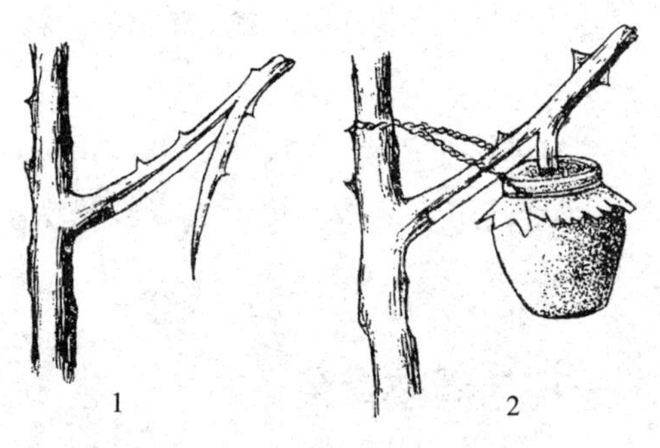

图 2–11　陶瓷罐圈枝育苗

1. 将切后的一半拉离枝条
2. 将切离的一半枝条插入罐内

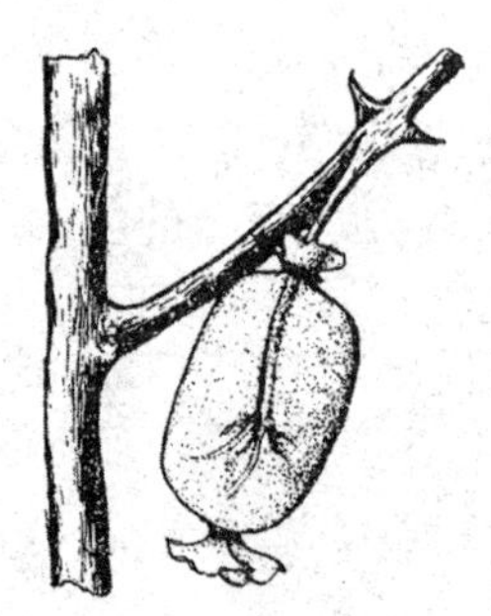

图 2–12　塑料袋圈枝育苗

七、苗木出圃

1. 起　苗

起苗的适宜时期是秋季苗木停止生长并开始落叶时。秋季出圃的苗木，可进行秋植或假植，春季起苗可减少假植的工序。雨季必须就近栽植，随起苗随栽，最好带土起苗。

起苗前要做好准备，若土壤过于干燥，应充分浇水，待土壤稍干爽时起苗，以免损伤过多的须根。刨出的苗木要根据苗大小、质量好坏分级，尽量减少风吹日晒时间。不能及时栽植时，

可挖浅沟把苗木根系用土埋住进行短期假植。秋季起苗、准备翌年春季栽植的则需进行越冬假植，越冬假植应选地势平坦、避风干燥处，挖40～50厘米深的假植沟，将苗木倾斜放入沟内，根部用湿沙土埋好，一般应培土达苗高的1/3以上。寒冷多风处要将苗木全部埋入土内。

2. 分级与修整

起苗后，将苗立即移至背阴无风处，按出圃规格进行选苗分级。残次苗、砧木苗要分别存放。各地苗木的出圃规格不同，一般应是根系完好、具有较完整的主侧根和较多的须根；枝条健壮，发育充实，达到一定的高度和粗度，在整形带内具有足够的饱满芽；无严重的病虫害和机械损伤。

分级的同时进行修整，剪掉带病虫害或受伤的枝梢、不充实的秋梢、带病虫害或过长的畸形根系。剪口要平滑，以利早期愈合。为便于包装、运输，亦可对过长、过多的枝梢进行适当修剪，但要注意剪除部分不宜过多，以免影响苗木质量和栽植成活率。

3. 检验、检疫与消毒

苗木是建园的基础，必须保证质量，一般要求根系发达、分布均匀，15厘米以上的主、侧根5条以上，并有较多的小侧根和须根；茎干粗壮，生长匀称，发育充实，节间较短，芽体饱满，苗木地径在0.7厘米以上。

第三章
花椒园建立

一、园地选择与规划

1. 园地选择

花椒为多年生植物，栽植后几十年生长在一个地方。因此，在选择园地时应以品种区划和适地适树为原则，从气候、地势、土壤、交通等方面综合考虑。花椒株植较小，根系分布浅，适应性强，可充分利用荒山荒地、路旁、地边、房前屋后等空闲土地栽植。山地、丘陵地建园，一般光照充足，排水良好，产量高，品质好。在山坡地中下部的阳坡和半阳坡、平缓梁峁、梯田埝边、平原区的田边地埂可栽植花椒，土壤疏松、土层深厚肥沃、排水良好的沙壤土或石灰质土也是宜椒林地。目前，花椒主要产地和今后发展的重点，都是在生态最适带的山地和丘陵地。由于山地地形复杂，气温和土壤变化不大，有垂直分布和小气候的特点，建园时要考虑到海拔高度和不同地形的小气候，以及坡度、坡形、坡向、坡位对花椒生长的影响。山区 5° ～20° 的缓坡和斜坡是发展花椒的良好地段，一些深山区 20° 以上的陡坡只要水土保持方法得当，同样可发展花椒生产。山顶、地势低洼、风口、土层薄、岩石裸露处或重黏土不宜栽植。同时，还要考虑到栽植后的管理、果实采收及运输方便等条件。

2. 园地规划

规划前收集有关资料，如社会经济状况、自然概况、林业情况和其他资料。在分析资料的基础上提出初步设想，然后进行现场调查，编制初步方案，绘制规划图。规划图除简单反映出地形、地物、村庄、道路外，还应标记出造林部位、面积、用苗量和完成的造林时间。方案包括造林地布局、林地整理和造林方法、造林密度等，同时对苗种需要量、用工量及各种投资进行计算，并注明投资来源。规划设计包括水土保持林营造、梯田整修、道路修筑、排灌系统设置，以及品种安排、栽植方法等。

（1）营造水土保持林　主要是防止水土冲刷、减少水土流失、涵养水源、保护梯田安全，同时可以达到降低风速、减弱寒流、调节温度等效果。营造水土保持林应选择生长迅速、适应性广泛、抗逆性强、与花椒无共同病虫害的树种，最好是乔木树种与灌木树种组合，阔叶树种与针叶树种组合。在邻近园地的边缘，不适宜选用根蘖多的树种，以免影响花椒生长。营造林密度要因地制宜进行安排，迎风坡和椒园上方宜密植，背风面可以稀一些。一般灌木树种行距 2～2.5 米、株距 1～2 米。在建园时，可改变坡度、切断坡长，控制坡面大小，以有效地控制地表径流。具体做法是修等高梯田、山地撩壕、挖鱼鳞坑等。梯田间隙种植灌木、生草，增加植被覆盖，以减缓地表径流。

（2）生产小区　应根据地形、地势和土壤状况，并结合道路、排灌系统和防治林的设置划分。山地地形复杂、坡度大，一般以 1～2 公顷为宜。地势、土壤、气候较一致的园地，以 4～7 公顷为宜。小区一般为长方形，长边要与等高线平行，以便梯田的修筑和横坡耕作。山地椒园的道路可环山而上，也可之字形修筑，支路和人行路可利用梯田的田埂。

（3）排灌系统设计　山地椒园的灌溉包括蓄水和引水。蓄水一般是修筑小水库、塘坝、水柜等，蓄水工程应比椒园位置高，以便自流灌溉。还要考虑集水面积大小，保证水源。引水渠的位置要高，以控制较大的灌溉面积。引水渠最好用水泥和石块砌，防止渗漏。渠道的比降一般为1/1 000～1/1 500。灌溉渠的走向应与小区的长边一致，沿等高线按一定比例挖设。

由于地表径流流速随坡度而增加，雨季水流急，必须修建排水工程。椒园最上边缘应修一条较大的降水沟，沟深50～80厘米，沟宽80～100厘米，拦挡上坡雨水的下泻。梯田地的排水沟，应设在梯田内侧与总排水沟相连。

二、花椒园整地

1. 整地时间

最好在栽植花椒前半年或前1年进行整地，雨季之前应将地整好，这样既可蓄水保墒，又能使杂草的茎、叶、根腐烂，增加土壤肥力。梯田埝边、其他农田边和房前屋后等立地条件好的地方，也可采取随整地随栽植。

2. 整地方法

不同类型的林地采用不同的整地方法：在平地建立丰产园时，可采取全园整地，深翻30～50厘米，深翻前施足基肥，耙平耙细，再按株行距挖长宽各60厘米、深50厘米的栽植坑穴。也可用带状整地方法，带宽1～1.2米，带间距40～60厘米，带深60～80厘米，相邻带心距与行距同。挖带时，带内表土与生土分开，基肥与表土混合后填入带的中下部，底土撒在带的上部。为防止水土流失，绕心（等高线）走带，平地东西带，增加椒树光照。在带内按株行距挖穴，规格为长宽各20厘米、深40厘米。在平缓的山坡上建立丰产园时，为了减少水土流失，可按等高线修成水平梯田或整成外高里低的反坡梯田。在地埂、地边、埝边等处栽植时，可挖成长、宽均为60厘米或80厘米的大坑。在回填土时，混入有机肥25～50千克。

利用荒山荒坡栽植花椒，应在1年前进行整地，可因地制宜，因陋就简，随形就势，逐步把山地修成保水、保肥、保土的三保地。田面修理平整外，筑土埂也要用锨拍实。山地通常修建梯田或挖鱼鳞坎。在坡度为 5° ～25° 的地带建园栽植花椒树时，宜修筑等高梯地，变坡地为平台地，减弱地表径流，可有效控制水土流失。等高梯田由梯壁、边埂、梯地田面、内沟等组成。梯壁分石壁和土壁，以石块为材料砌筑的梯壁多为直壁式，或梯壁稍向内倾斜与地面呈 75° 角，即外噘嘴、里流水（图 3–1）。以黏土为材料砌筑的梯壁多为斜壁式，保持梯壁坡度 50° ～65°，土壁表面植草护坡，防止冲刷（图 3–2）。

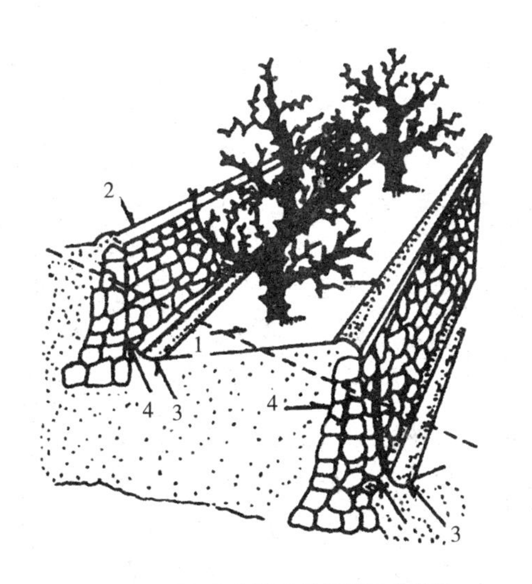

图 3–1　石壁式梯地结构断面示意

1. 梯地田面　2. 边埂　3. 排水沟　4. 梯壁

修建梯地前，先进行等高测量，根据等高线垒砌梯壁，要求壁基牢固，壁高适宜。一般壁基深 1 米、厚 50 厘米，垒壁的位置要充分考虑坡度、梯田宽度、壁高等因素，以梯田面积最大、最省工、填土量最小为原则。生产中要根据地形小弯取值，大弯就势，按等高线修建，每块梯田的大小和高低依地势和坡度而定。

图 3-2　土壁式梯地结构断面示意

1. 梯地田面　2. 边埂　3. 排水沟　4. 垒壁　5. 削壁　6. 护坡

梯田的田面要平整，外侧略高，修筑 1 个土埂，在梯面上内侧留一小沟，以利排出多余之水。在多石的山坡上，梯田壁可以用石砌成。修建梯田很费工，可以先修一条水平栽植带，栽植以后陆续修成梯田。施工前，应先在垒壁与削壁之间留一壁间，垒砌梯壁与坡上部取土填于下方并夯实同步进行，即边垒壁边填土，直至完成计划田面，并于田面内沿挖修较浅的排水沟（内沟），将挖出的土运至外沿筑成边埂。边埂宽 40～50 厘米、高 10～15 厘米。花椒树栽于田面外侧的 1/3 处，既有利于根系生长，又有利于主枝伸展和通风透光。梯田面积的宽窄应依具体条件如坡度大小、施工难易、土壤层次、肥性破坏程度等而定，一般 25°以上的坡地，水平阶或梯田面宽 1～1.5 米；25°以下的坡地田面宽 2～3 米。

阳坡扎石堰修梯田栽椒树，既合理又可能。阳坡石多是很好的“建材”，大的扎堰，小的填馅，馅里填土，积土由少变多，可变瘠壤为沃土。

梯田的修筑要因坡制宜，因害设防。在完整的坡面上沿等高线修梯田，石堰的高度和田面的宽窄随坡度大小而增减。坡度

在25°以上的，梯田要顶底相照，或者下块的堰顶略高于上块的堰根，以建窄条梯田为宜，条面宽1～1.5米。坡度在25° 以上的，条面可宽一些，一般2～3米，也可留一段小坡田逐渐加边降坡。在两坡夹一沟的小凹坡面上，宜采用八字形的组合，沟凹修梯田，边坡修条田（或窄面梯田），使水不下坡、沟不积水。

在活裸石较多、土壤夹在石头缝中的坡面上，宜采用隔坡梯田，即修一条梯田、留一条植被带，以利逐步加厚田面土层。这种坡面，虽裸石较多，但夹土较肥，群众称之为“穷山富土”，可充分利用。

在坡度较缓的土坡上，可修成反坡梯田，用草皮垛实筑埂，田面外高里低，里面要留排蓄水沟，条面要一段一段打埂界开，以蓄水保土。

鱼鳞坑，也称单株梯田，是在陡坡或土壤中乱石较多又不宜修筑梯田的山坡上栽植花椒树时采用的一种方式。方法是沿等高线按一定距离挖植树坑，由上部取土，修成外高内低的半月形土台，土台外缘以石块或草皮堆砌，坑内栽花椒树。目前应用较广的翼式鱼鳞坑，由于两侧加了两翼，能充分利用天然降水，提高了径流水利用率，是山区丘陵整地植树的好方法。株行距一般为4米×6米，坑的大小对花椒生长发育有明显的影响，一般坑长1.5米、宽80～100厘米、深80厘米（图3–3）。

等高撩壕是在缓坡地带采用的一种简易水土保持措施栽培方式。具体做法是按等高线挖成横向线沟，下沿堆土成壕，花椒树

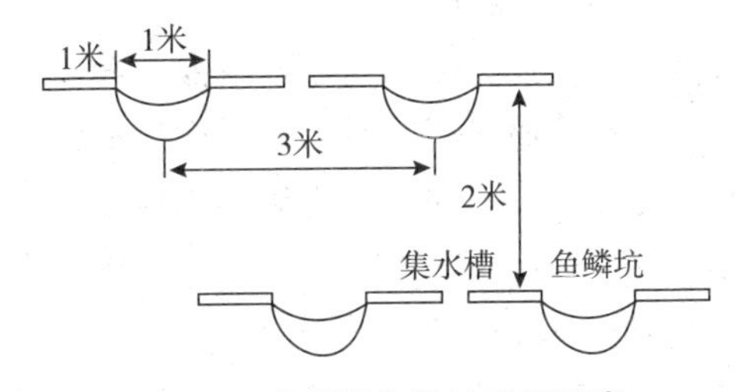

图3–3　鱼鳞坑与坡地设置示意

栽于壕外侧偏上部。由于壕土较厚，沟旁水分较好，有利于花椒树的生长。一般坡度越大，壕距越小，如5°坡壕距为10米，10°坡壕距为5～6米。撩壕可分年完成，也可1年完成，一般以先撩壕后栽培为宜，必要时也可先栽树后撩壕。撩壕应随等高线走向进行，比降可采用1～3/3000。沟宽一般为50～100厘米，沟深30～40厘米，沟底每隔一定距离做一小坝，称为小坝壕或竹节沟，蓄水保土。水少时可全部在蓄水沟内，水多时浸溢小坝，顺沟缓流，减少径流。

沙滩河谷地未进行过耕作，土壤瘠薄，高低不平，旱涝不匀，沙石甚多，不进行治理，花椒树很难生长。生产中要因地制宜，分块治理，平高垫低，铲平杂草乱物。如果石头太多要掏石平整，若是含沙量过大应换土或深翻破淤，将下层淤泥翻出来与沙混合。沙滩地渗水快，在雨季地下水位容易升高，在治理沙滩河谷地时要修建排灌水渠，严防渗漏水。

营造生篱，宜采用挖条沟的整地方法，可在果园、学校、公园、庭院等周围，挖宽40～60厘米、深40厘米的条沟，在条沟内再按株行距栽植。

三、花椒定植

1. 苗木准备

花椒多栽植1～2年生苗，要求主、侧根完整，须根较多，苗高60厘米以上，根茎粗0.5厘米以上，芽子饱满。对不同等级苗木要分别集中栽植。在椒园建立前就要考虑苗木来源，最好就地建立苗圃，随起苗随栽植。对需要远途运输的椒苗，一定要用湿麻包或湿袋妥善包装，并经常喷洒清水使苗根保持湿润。栽植前对椒苗进行处理，首先适当修枝、截干，减少椒苗水分的散发，减轻风吹摇动对根系的损伤。在土壤干旱、风多风大的地区，可把主干适当截低。其次是根系修剪，把受机械损伤比较严

重的部分及病虫根、干枯根剪掉。栽植前把苗根在水里浸泡一下，让其吸足水分，或把根系在稀泥浆里蘸一下，对经过远途运输的椒苗更为重要。但泥浆一定要调得很稀，否则会使根系周围结成泥壳，影响根系的吸收活动和呼吸功能而降低椒苗的成活率。

近年有些地方采用栽大苗的方法，定植3～4年生的大苗，定植当年即可开花结果。大苗培育，是将1年生苗按株行距30厘米×50厘米移植到肥沃的沙壤土，进行整枝修剪和栽培管理。

2. 栽植时间

花椒栽植分春栽、夏栽和秋栽，以春栽为好，北方干旱山区可在雨季栽植。

（1）**雨季栽植**　北方干旱石质山地，无灌溉条件时，椒农多在雨季趁墒栽植。雨季栽后要有2～3天及以上连阴天，才能保证成活。雨季栽植要用小苗，一般选用1～1.5年生苗木，栽植时尽可能多带胎土，最好是就地育苗，随起苗随栽植。8月份至10月中旬，逢阴雨天气带雨挖苗，随挖随栽，栽后2天内不见太阳，成活率可达100%。若栽后第二天放晴，要及时以树枝或禾秆遮阴，并剪去枝干的一半，以减少水分蒸发。

（2）**秋季栽植**　秋后抓紧整地，在土壤封冻前20多天栽植，栽后截干并覆土丘，防寒越冬。翌年发芽时刨去土丘，成活率可达到90%左右。秋季多在11月下旬至12月中旬落叶后进行，也有的在落叶前的9～10月份带叶栽植。在不太寒冷的地方，秋栽成活率高，但要注意冬季防寒保护。

（3）**春季栽植**　早春土壤解冻后至发芽前均可栽植，宜早不宜迟。随挖随栽，成活率高；若需远距离运输，必须进行包装护根，运到目的地后，需用水浸泡半天以上，然后定植。栽后需浇定根水，可在须根埋完后顺苗木干部倒清水1升左右，待无明水时覆土埋严，距地表10厘米左右截干。

3. 品种配置

花椒一般不配置授粉树种。但考虑到花椒采收比较费工，在建立大面积椒园时要注意早熟、中熟、晚熟品种的搭配，以延长整个椒园的采收期。目前，生产中常用品种成熟期先后顺序为小红椒、白沙椒、豆椒，前后两品种成熟期间隔在10天左右。

花椒适应性强，但不同品种差异较大。大红袍、大花椒喜肥水条件较好的土壤，这样才能更好地发挥其增产潜力。小红椒、白沙椒耐干旱瘠薄，在立地条件较差的地方也能正常生长结实。大红椒、豆椒喜肥耐水，枸椒、秦安1号耐旱、耐瘠薄、耐寒冷。

4. 栽植方法

目前，花椒栽培形式多样，有房前屋后和庭院栽植的，有集中连片建立的花椒生产园，也有营造花椒林带的，还有比较分散的椒粮间作。集中连片的椒园，土层深厚、土质较好、肥力较高的地方株行距应大些，山地较窄的梯田，一般是1个台栽1行，台面大于4米时可栽2行，株距一般为3～4米。建立椒粮间作园时，以种粮食作物为主，株距为4～5米，行距以地宽窄而定。

按栽植点挖栽植穴。为了避免挖偏挖斜，应以事先选定好的栽植点为中心，画半径为30厘米的圆，在此范围内挖掘，挖好再向周围均匀扩大，使之成为深、宽为60～100厘米的大圆坑。在挖坑时先把上层较肥沃的土放在一边，下层的生土放在另一边。实行“三封、两踩、一提苗”的栽植方法，将表土拌入过磷酸钙，厩肥或堆肥先取一半填入坑内，培成丘状，然后将苗放在穴内，使根系均匀分布在小丘上。一人植苗一人填土，填到一半时用脚踩一下，使根和土贴紧。再将苗轻轻向上提，使根系自然舒展。然后将另一半掺肥的表土培于根系附近，轻提一下苗后踩实。填土接近地表时，使根基高于地面5厘米左右，在苗四周培土埂。若在大片平地上栽植，要前后左右对齐。填入表土时要把椒苗轻轻振动，让土自然流入根系中，边填边踏实，不要把苗埋

得太深或太浅，比较适当的深度是将土埋在根和茎的交界处。栽苗后立即浇水，待水渗完后用一些干土覆在上面，做成水盘穴，防止水分蒸发。栽完后的余土，在穴边修成土埂，以利灌溉和收集雨水。花椒幼苗耐寒性较差，秋季栽后要给幼苗培土，培土高度应比截干后的苗高低1～2厘米，即露出苗头。培土用锨拍实，翌年春季幼树发芽前及时扒出。花椒耐旱不耐涝，秋季栽植时，若土壤有一定湿度，栽后不必浇定根水，以免土壤湿度太大引发根系腐烂。生产中常见栽植方法有以下几种。

（1）畔栽植　充分利用山区、丘陵的坡台田和梯田畔栽植花椒。栽植时距畔边缘50厘米挖坑，株距3米左右即可。

（2）纯花椒园　近几年山东省沂源县、陕西省富平县，利用台塬坡地集中的地块发展纯花椒园。建纯花椒园时，要注意留出道路和排灌系统。如在平川地栽植，行距3米左右。如在山地栽植，株行距按照梯田的宽窄而定。栽2行不够宽、栽1行又浪费土地时可按三角形栽植，个别山地地形复杂可围山转着栽，株行距不强求一致。

（3）椒林混栽　花椒可以与其他生长缓慢的树木混合栽植，如与核桃、板栗混栽，可在株间夹栽1～2株花椒树。也可栽1行花椒，栽1行其他经济树种。

（4）营造生篱　我国椒农有把花椒栽在院落周围作围墙篱笆的习惯，尤其是河北省有些地区的椒农，利用花椒树型小、全身枝干都有刺的特点，代替其他围墙，保护果树或家庭人畜安全。作围墙用的花椒树栽植后要加强管理，修枝整形，很快就会形成枝条密集、形体美观的绿色围墙。所以，果园、学校等单位均可用花椒树营造生篱，既经济又实惠值得提倡。

用椒树营造生篱，栽植密度应大些，使之成墙，人、畜不能进入。一般营造生篱行距30～40厘米、株距20厘米左右，可栽植2行或呈三角形配置。山区还可栽植成3行，互相叉开呈梅花形。

四、栽后管理

1. 修剪定干

栽植后根据干高要求在饱满芽处将以上多余部分剪去。定干高度一般以50～60厘米为宜，这样可促使整形带内的芽及早萌发，并减轻风害，有利于成活。栽后需培土保护的地区，为了便于培土，也可在发芽前先培土以后再进行定干。定干时要求剪口距剪口下芽0.5厘米左右。

2. 埋土防寒

为了避免冬季发生抽条、日灼等伤害，秋栽后须立即培土防寒。风大时即使春栽亦需埋土保墒，上部用草把捆绑裹缠，外用塑料薄膜包扎，防止风吹。待萌芽前逐步分次除去包缠物，扒平培土。

3. 补　水

水分是提高成活率的关键，定植后无论土壤墒情好与不好都必须浇透水。春季干旱少雨地区必须勤浇水，秋栽苗木除去培土之后亦应补浇1次。浇水后需要覆土3～5厘米厚，以利保墒。苗木成活后和5～6月份各浇水1次，山地可修树盘集取雨水。

4. 检查成活及补植

栽植后，有一部分苗木可能由于栽植不当或苗木质量太差或不适应当地自然条件而死亡，应及时进行补植。秋天栽植的花椒，由于冻害、假植不当、春天栽植过早、苗在空气中暴露时间过长等原因，到春天萌芽期有的椒树地上部往往干枯，但根系及根颈仍然活着，以后根颈部分自然会有萌芽生成新植株。因此，新植花椒树春天干枯后不要及早拔除，等萌芽生成后，将萌芽上部1厘米以上干枯的主干剪掉，就可形成新植株。

5. 防止兽害

有野兽危害的地区，应在苗木上缚带刺的树枝或涂刷带恶臭

味的保护剂，如石硫合剂渣滓等，以防兽害。

6. 移栽造林

（1）**大树移栽**　椒树定植后一般不应再移栽，但也有特殊情况需要对大树进行移栽。大树移栽比较困难，须做好充分准备。准备移栽的大树，上年秋季先在树干周围以 50～70 厘米为半径挖深约 80 厘米的沟将根切断，再用拌有优质有机肥料的土壤填好，促使发生新根。树越大，越需要断根。

春、秋两季移栽均可，冬季寒冷干旱地区以春季移栽为好。移栽时，根据根系大小先挖好栽植坑，提前 1 天将要移栽的树浇水，带土团挖掘，尽量保护根系，随挖随栽，确保成活。栽好后，立即大量浇水，并进行地面覆盖。为了防止风摇和水分过量蒸发，地上部应用支架固定和适当修剪。

（2）**苗木移栽**　移栽造林依苗木大小及栽植方法，可区分为以下 3 种。

①1～2 年生苗木栽植　用 1 年生以上的大苗造林，春季和秋末冬初栽植，成活率高，树势恢复快，但干旱地区雨季移栽其成活率较为理想。春栽宜在花椒芽开始萌动前或土壤解冻后进行，移栽时先挖好移植坑，靠坑壁放入椒苗，理顺根系后，先填入湿土，轻压落实（切忌损伤苗木），再用细干土培根颈。条件具备时，可先向坑内浇水，水渗后再移入苗木。栽后 10 天左右刨开根颈的土堆，进行第二次浇水，水渗后培土恢复原状，成活率可达 95% 以上。如果在秋末冬初移栽，时间最好选在立冬前后，即土壤上冻以前，这样才能保证有较高的成活率。

如栽植地点远离苗圃，苗木调动应在初春萌芽前或秋末落叶后进行。供调运的椒苗出圃时根部最好蘸上泥浆，50～100 株打成一捆，用稻草等包裹根部，喷水淋湿后再用塑料薄膜封好根颈下部保湿，但不要喷水过多。秋末调运的苗木，如不能及时栽植，可成捆埋入湿土或湿沙中，掩埋深度以露出干部的 2/3 为宜（去掉根外部包裹的塑料），这样即使到翌年开春栽植，成活率也在90%以上。

②小苗移栽　不足1年生的小苗，可在夏季或秋季的雨后移栽。移植前先挖深30厘米的小圆坑，将带土移出的小苗植入坑中，以湿土培实，再用较干燥的细土在根颈部培成土堆。夏季移栽后除适时浇水外，还要适当遮阴，每坑栽植2株较好。

③截干栽植　干旱地区，冬季多干燥寒冷，为提高移栽成活率，尽快恢复树势，应在秋末冬初栽植后沿地面截去干部，培土成堆加以掩埋，翌年春天化冻后扒去培土即可。

7. 直播造林

直播造林时，在选好的林地上按株行距挖直径70厘米、深50～60厘米的坑，一般在上冻前播种，或秋季随采种随播种。每穴播种子约20粒，覆土厚1厘米，翌年春天每穴可出苗5株左右。夏季连阴雨天间苗，每穴留1株苗，间出的苗可用小苗移栽、补植或另行造林。

五、地埂栽椒

地埂栽椒是指在多类地埂上栽植花椒树，其优点是充分利用了土地和光照资源，既能栽椒致富，又能护埂保土，调节小气候，促进农作物生长。该方法是在黄土高原、丘陵山地实行立体栽植，林农复合经营，建设生态林业的一项多效多能的成功经验。

1. 整地筑埂

25°以下的坡面上，沿等高线新修成旧式台田改建整修而成层层田面水平、埂坎整齐的台田、梯田或埝地；25°以上的坡面修筑水平阶或鱼鳞坑。地边、阶边、坑边、沟边、路边、渠边栽植时均要筑埂。田坎要整齐坚实。

地埂有硬埂和软埂两种。硬埂（硬畔）多以人力踩踏、夯实或锨拍光而成，埂体密实，埂表光平。软埂（软畔）是在埂线上

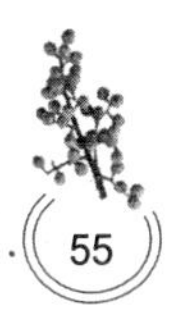

经壅土堆筑而成。

2. 栽植方法

（1）硬埂栽植　按照规范技术要求，先平整土地，修筑地埂（一般埂高 30 厘米，顶宽 30 厘米，内坡比 1∶1，外坡比 1∶0.5），然后在地埂内坡底挖坑栽植（也可先筑埂栽椒再平整土地）。硬埂虽筑埂费工，但牢固耐久，美观大方，便于维修，节约土地。

（2）软埂栽植　软埂栽植方法：一是先壅埂，然后沿埂的内坡底线挖坑栽植。二是先沿地边 40～50 厘米处挖坑植椒，然后壅埂。软埂虽有省工省时的优点，但有寿命短、占地多的缺点，一般不采用。

栽植时，沿地埂坡脚线挖长、宽、深各 30 厘米的栽植穴，穴距 3 米左右，每穴施优质土肥 3～5 千克，与土拌匀。然后将苗放于穴正中，稍向外斜，将根舒展，回垫熟土，垫至一半时，将苗轻轻向上提一下，用脚踏实，再埋土至与地面平，踏实。落叶后至发芽前栽植的可距地面约 5 厘米处、留 3～5 个芽眼剪截定干（高寒地区冬季截干后，应封土丘将其埋住，待春季发芽前扒开土丘）。雨季带叶栽植应剪除嫩梢，待落叶后距地面 5 厘米处剪截定干。

第四章

花椒整形修剪

整形修剪是获得花椒高产优质的主要措施之一。通过整形可以培养良好的树形和牢固的树体结构，有效地控制主、侧枝在树冠内的合理分布，使树冠通风透光良好，为早结果和丰产打下基础。修剪是在整形的基础上进一步培养和完善合理的树体结构，调节生长与结果之间的矛盾，促进幼树早果和丰产，盛果期连年丰产稳定，促进老龄树更新复壮，延长经济寿命。

一、整形修剪的依据

1. 自然条件和栽培技术

不同的自然条件和栽培技术对花椒树会产生不同的影响，因此，整形修剪时应考虑当地的气候、土肥条件、栽植密度、病虫防治及管理技术等。一般土层深厚肥沃、肥水比较充足的地方，花椒树生长茂盛，枝条冠大，对修剪反应比较敏感，修剪应适当轻些，多疏剪少短截；反之，在寒冷干旱、土壤瘠薄、肥水不足的山地及沙荒或地下水位高的地方，花椒树生长较弱，对修剪反应敏感性差，修剪量应稍重一些，多短截少疏剪。

2. 树龄和树势

幼树生长旺盛，栽培要求是提早成形适量结果；盛果期树势渐趋缓和，栽培要求是高产稳产、延长盛果期年限；衰老树树势

变弱，栽培要求是更新复壮、恢复树势。树势强弱，主要根据外围1年生枝的生长量和健康状况、秋梢数量和长度、芽子饱满程度和叶痕表现等判断。一般幼树1年生枝较多，且年生长量大，秋梢多而长；2～3年生枝部位的中短枝顶芽易发生强旺枝，是树势过旺的表现。盛果期树，中短枝条颜色光亮、皮孔突出、芽大而饱满、内膛枝的叶痕突起明显说明树体健壮；外围1年生枝短而细、春梢短、秋梢长、芽子瘦小、中短枝少且色暗、剪断芽口青绿色、皮层薄，说明营养积累少，树势较弱。

3. 树体结构

整形修剪时要考虑骨干枝和结果枝组的数量比例，分布位置，生长势力是否合理、是否平衡和协调。如配置分布不当，会出现主从不清、枝条紊乱、重叠拥挤、通风透光不良、各部分发展不平衡等现象，需通过修剪逐年予以解决。各类结果枝组的数量多少、配置与分布是否适当、枝条内营养枝和结果枝的比例及生长情况，都直接影响光合作用，影响枝组寿命和高产稳产。枝组强弱、结果枝多少，应通过修剪进行调整。

4. 结果枝和花芽量

不同树龄，结果枝和营养枝应有适当比例。花芽数量和质量是反应树体营养的重要标志，营养枝芽壮、花芽多、肥大饱满、鳞片光亮、着生角度大而突出，说明树体健壮；反之，则树体衰弱。修剪时，应根据具体情况恰当地确定结果枝和花芽留量，以保持树势健壮、高产稳产。

二、整形修剪时期

椒树整形修剪时期，可分为冬季修剪、秋季修剪和夏季修剪3种。从椒树落叶后到翌年发芽前的一段时间内进行的修剪叫冬季修剪，也叫冬剪，或休眠期修剪。在冬季较寒冷的地区，为了防止枝条的剪口部位被“抽干”，常在最冷时期过后的1～2月

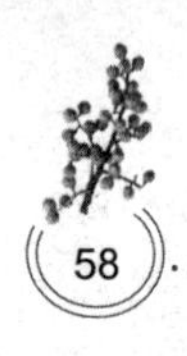

份实施冬剪。在椒树生长季节进行的修剪叫夏季修剪，也叫夏剪。秋剪在采椒后到落叶前后进行。

冬季花椒树的营养逐步从叶片转运到小枝内，回运到大枝，再运到骨干枝，然后再由主干往根系运送。到了翌年春天萌芽前，这些养分又按上述的反方向运至枝和芽内，供芽萌发和开花之用。冬季修剪一般是剪去一定数量的枝和芽，这些枝和芽所保留的养分，也就随之而剪掉浪费了。为了减少养分的损耗，在养分由枝、芽向根系运转结束之后，而没有来得及再由根、干回至枝芽之前的一段时间内进行修剪最为有利，这个时期恰处 1～2 月份。幼树可在埋土防寒前修剪。

花椒树在生长季节不断进行着生长与发育的矛盾，而夏季修剪就是解决这些矛盾的方法之一，也是花椒树整形的有利时期。夏季修剪主要用来弥补冬季修剪的不足，可于开花后到采收前进行。夏剪处于 6～7 月份，是花椒旺盛生长阶段和营养物质转化时期，前期生长靠储藏营养，后期依靠新叶制造营养。夏季修剪，多采用抹芽、除萌蘖，疏除旺密枝，通过撑、拉、压开张骨干枝角度，改变枝的方向，采用环割、环剥等措施促进树冠迅速扩大，加快树体形成，缓和树势，改善光照，提高结果率。夏季修剪，为了抑制新梢旺长，应去掉过密枝、重叠枝、竞争枝，改善通风透光条件，使养分便于积累，促使翌年形成更多的结果枝。夏季修剪只有在生长健壮的旺树或幼树适期适量进行，才能收到理想的效果。所以，冬季修剪能促进生长，而夏季修剪能促进结椒。

三、整形修剪的方法

1. 休眠期修剪方法

（1）短截 短截是剪去 1 年生枝条的一部分、留下一部分，是修剪的重要方法之一，也叫短剪。短截对枝条局部有刺激作用，能使剪口下侧芽萌发，促进分枝。以剪口下第一芽受刺激最

大，距剪口越远的芽受刺激作用越小。具体反应随短截程度不同而异，一般来说，截去的枝愈长发生的新枝愈旺盛，剪口芽愈壮发出的新枝愈强壮。短截依据剪留枝条的长短，分为轻短截、中短截、重短截和极重短截。

①轻短截　剪去枝条的小部分，截后易形成较多的中短枝，单枝生长量较弱；但总生长量大，母枝加粗生长快，可缓和枝势。

②中短截　在枝条春梢中上部分的饱满芽处短截，截后易形成较多的中长枝，成枝力高，单枝生长势较弱。

③重短截　在枝条中下部分短截，截后在剪口下易抽生1～2个肥枝，生长势较强，成枝力较低，总生长量较少。

④极重短截　截到枝条基部弱芽上，能萌发1～3个中短枝，成枝力低，生长势弱。有些对修剪反应较敏感的品种，也能萌发旺枝。

短截的局部刺激作用，受剪口芽的质量、发枝力、枝条所处的位置（直立，平斜，下垂）等因素影响。在秋梢基部盲节或“轮痕”外短截，以弱芽当头的虽处于顶端，一般也不会产生弱枝。直立枝处于生长优势地位，短截容易抽生强旺枝。平斜、下垂枝的反应较弱。对骨干枝连续多年中短截，由于形成发育枝多，促进母枝输导组织发育，能培养成比较坚固的骨架。

短截一般不利于花芽的形成，但对弱树的弱枝进行适度的短截，由于养分条件的改善，会有利花芽的形成。

短截1年生枝，使剪口呈45°角的斜面，斜面上方和芽尖相平，最低部分和芽基部相平或稍高，这样易愈合、剪口芽生长好。冬季干冷地区，或过量修剪，为防剪口芽受冻或抽干，可在芽上0.5厘米处剪截。

生长季节摘去新梢顶端幼嫩部分叫摘心，从广义上说摘心也属于短截的范畴。新梢旺盛时期摘心，可促生二次枝，有利于加快树冠的形成；新梢缓慢生长期摘心，可促进花芽分化；生理落果前摘心，可提高坐果率；坐果后摘心，能促进果实膨大，提早成熟，并提高品质；对徒长枝多次摘心，可使花芽充实健壮，提高越冬性。

（2）**疏剪** 也叫疏枝、疏删，即把枝条从基部剪除的修剪方法。疏剪造成的伤口，对营养物质的运输起阻碍作用，而伤口以下枝条得到根系的供应相对增加。所以，疏剪对伤口上部枝条生长有削弱作用，距剪口越近，削弱作用越大，而对剪口下部的枝条生长有一定程度的促进作用。剪口以上枝条生长势强、直立，而剪去的枝条细而弱时，削弱作用就不明显。由于养分集中，有时反而会增强剪口以上部的生长。

疏剪时，由于疏除树冠中部的枯死枝、病虫枝、交叉枝、重叠枝、竞争枝、徒长枝、过密枝等无保留价值的枝条，节省养分，还可复壮内膛枝组，有利花芽形成。所以，生产中常用疏弱留强的方法使养分集中，增强树势，提高枝条的发育质量。疏剪对枝有削弱作用，能减少树体的总生长量。因此，可用疏去旺枝的方法削弱辅养枝，促进花芽形成；对强枝进行疏剪，减少枝量，可调节枝条间的平衡关系。

疏除大枝要分年逐步进行，切忌一次疏除过多，造成大量伤口，特别是不要形成“对口伤”，以免过分削弱树势及枝条生长势。疏除要从基部开始，但伤口面要小；如截留过长形成残桩则不易愈合，并引起腐烂，或引起潜伏芽发出大量徒长枝。

（3）**缩剪** 又叫回缩，指将多年生枝短截到分枝处的剪法。缩剪可以降低先端优势的位置，改变延长枝的方向，改善通风透光条件，控制树冠扩大。每年对全树或枝组的缩剪程度，要依树势、树龄及枝条多少而定，做到逐年回缩、交替更新，使结果枝组紧靠骨干，结果牢固；使弱枝得到复壮，提高花芽质量。需注意，如缩剪的剪口小、剪口枝较粗壮，则缩剪使剪口枝生长加强；如剪口大、剪去部分多，则缩剪能使剪口枝生长削弱，而使剪口第二、第三枝增强。因此，对骨干枝在多年生部位缩剪时，有时要注意留辅养桩，以免削弱剪口枝，使下部枝较强。

（4）**长放**　又叫缓放或甩放，对1～2年生枝不加修剪。甩放有缓和新梢生长势和降低成枝力的作用。长枝甩放后，枝条的增粗现象特别明显，而且发生中短枝的数量多。中枝甩放，由于顶芽有较强的生长能力，继续抽生与母枝生长势相似或略弱的中枝，下部侧芽发生较多生长弱的短枝。有的由于顶芽较强的生长，抑制了侧芽的萌发，反而不如轻短截发生中短枝多。幼树上，斜生枝、水平枝或下垂枝甩放后，由于极性减弱，留芽量大，养分极易分散，成枝很差，有利于营养物质积累和花芽分化；而骨干枝上的强壮直立枝长放后，由于极性强，顶部发生长枝较多，下部容易秃裸，母枝增粗也快，容易出现“树上长树”现象，易干扰树形，反而妨碍花芽形成。所以，此类枝一般不要长放，如需长放则应压平，或配合扭伤、环剥等措施，这样有利于削弱长势，促进花芽形成。缓放的效果有时连放数年才能表现出来，因此对长势旺、不易成花的品种应连续缓放，待形成花芽或开花结果后再及时回缩。生长较弱的树，如连续缓放的枝条过多，则应及时短截和缩剪；否则，更易衰老，而且坐果率降低或果实小。

（5）**造伤调节**　对旺树、旺枝采用环割、环剥、刻伤和拿枝软化等措施制造伤口，使枝干木质部、韧皮部暂时受伤，在伤口愈合前起到抑制过旺的营养生长，缓和树势，有促进花芽形成和提高产量的作用。

春季发芽前，在枝或芽的上方或下方用刀横割皮层，深达木质部而成半月形，称为刻伤或目伤。刻伤的位置不同，其作用也不同。在枝芽上部刻伤，能阻止从下部来的水分和营养，有利于芽的萌发并形成较好的枝条；反之，在枝芽下部刻伤，会抑制枝芽生长，促进花芽形成和枝条的成熟。幼树整形修剪中，在骨干枝上需要生枝的部位进行刻伤，可以刺激下部隐芽萌发，填补空间。

生长季节，在树干上剥一圈皮层的措施，叫环剥。环剥暂时妨碍了叶部养分向下运输，使环剥口以上部分较多的积累营养，有利于坐果和花芽分化。环剥口以下水分养分运输受阻，也会促进潜伏芽的萌发和枝条生长。环剥作用的大小取决于环剥的宽度、时间和枝条生长状况，环剥愈宽，愈合愈慢，作用越大；但过宽不易愈合，甚至造成上部死亡。为了促进花芽分化，可在新梢旺盛生长期环剥。环剥宽度与枝条粗度和长势有关，一般较小的平斜枝条环剥宽度为枝条直径的 1/10 左右；直立旺枝可适当加宽，但一般不超过 5～7 毫米；细弱枝一般不宜环剥。

2. 生长期修剪方法

（1）**摘心** 指摘除新梢顶端的一部分，分轻摘心和重摘心。轻摘心指摘去枝条顶端嫩梢 5 厘米左右，主要用于结果旺树，目的是抑制旺盛的营养生长，促进花芽形成。摘心后枝条会萌发出许多小枝，要进行多次轻摘心方能达到目的。重摘心指摘除枝条的成熟部位，一般摘除 5～7 片叶的枝条长度。重摘心主要用于幼树整形，当选用的主枝长到所需长度之后，为了促发侧枝，则可进行重摘心。重摘心应注意侧枝选留的方向，使剪口下第二个芽的方位同所需培养的侧枝方向一致，如果第二芽方向与所需培养的侧枝方向接近，可将第三芽剥除。

（2）**舒枝软化** 又叫拧条、扭梢，用双手将枝条自基部到中部逐步弯曲移动，伤及木质部，以响而不折为宜，使枝梢生长改变方向。舒枝主要用于开张枝条角度，缓和枝条的生长势，促进花芽的形成。舒枝较撑、拉枝等方法简单易行，效果也较好，且不伤树皮。舒枝主要适用于较细的枝条，如果枝条粗则达不到应处理的角度，可以用坠枝方法进行。

（3）**开角** 又叫曲枝，采用撑、拉、压、坠等方法，使枝条向外或变向生长，用于控制枝条长势，增大开张角度，改变内膛光照，促使成花结果。曲枝后应及时抹芽，防止后部抽生直立旺枝。撑是在主干、主枝之间，或主枝与主枝之间支撑一树枝、木棍或土块、砖块等，以开张枝角。拉是在地面打木桩，在木桩上或者其他物体上系上绳子、铁丝，另一头系住枝条，将枝条拉到

一定方向。坠是在主枝上直接垂重物，或主枝条上系绳，在绳上垂一重物，通过重力使枝条改变方向。在主枝上直接垂物常用的是垂泥球，垂泥球具有取材容易的特点，和泥时注意在泥中加入少量短麦草，防止下雨时将泥球淋烂。绳上重物可用砖块等。压是在枝上绑上重物，通过重力使枝角开张。

（4）环剥　在花椒树枝干上，按一定宽度剥下一圈皮层，一般在 6 月上旬以前进行。剥口的宽度一般为枝条或主干直径的 1/10，树较旺、立地条件较好的树，还可适当加宽；反之，可窄一些。环剥的伤口要进行消毒处理，以防感染。环剥主要应用于对营养生长过旺而结果很少的椒树，同一株树不能连续进行环剥，以免导致树体早衰。第一次环剥后，隔 2～3 年，椒树仍然营养生长旺盛可再剥 1 次。环剥能抑制营养生长过旺，促进花芽分化。

3. 修剪程度

修剪分为重剪和轻剪两类。一般重剪有助树势作用，轻剪有缓树势作用，对总生长量而言则效果相反。修剪的轻重程度，通常以剪去枝条的长度或重量表示，剪去部分或剪去量多者叫重修剪，剪去部分短或剪去量少者叫轻修剪。修剪时必须注意全树总的修剪量。

4. 常用树形

（1）多主枝丛状形花椒树　多主枝丛状形也叫自然杯状形，从根基抽生较多的枝条，或在 1 个穴内定植 2～3 株，依自然生长而成。一般干高 30～50 厘米，在不同方向培养 3 个一级主枝，第二年在每个一级主枝顶端萌生的枝条中选留长势相近的 2 个二级主枝，以后再在二级主枝上选留 1～2 个侧枝。各级主枝和侧枝上配备交错排列的大、中、小枝组，构成丰满的树形（图 4-1）。这种树形成形快，丰产早；但因主干多、枝条拥挤，产量较低。生产中应注意疏除部分大枝及内膛过密枝，使之通风透光良好，骨干枝牢固，载果量大，寿命长。

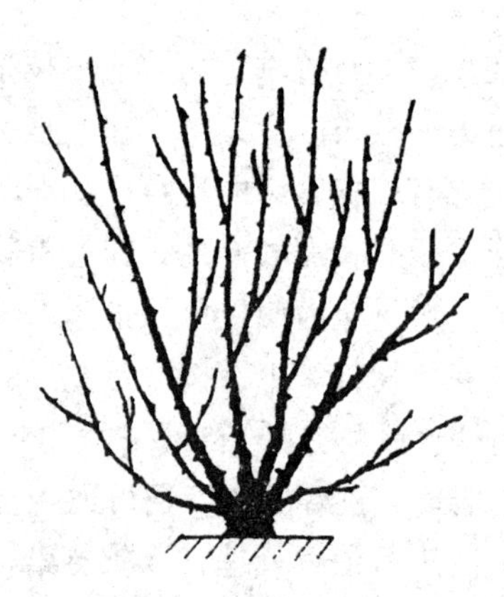

图 4-1　多主枝丛状形

（2）**自然开心形**　主干高 30～40 厘米，在主干顶端分生 3～4 个主枝，每个主枝上培养 2～3 个侧枝。主枝开张基角 50°～60°，腰角和梢角可小一些。这种树形光照好，高产优质，而且整形容易（图 4-2）。

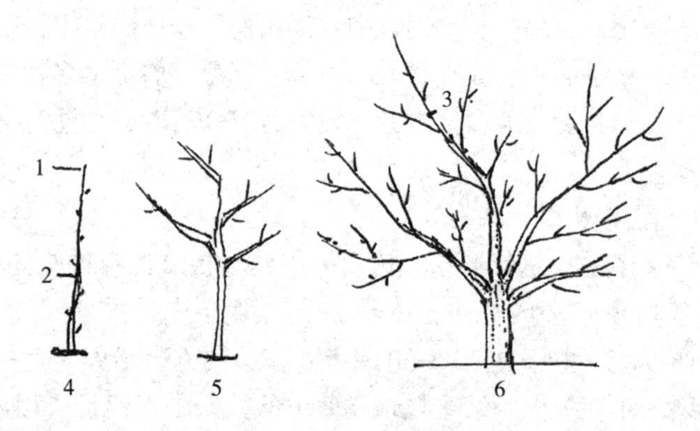

图 4-2　自然开心形树形培育

1. 打顶部位　2. 抹去 30 厘米以下的芽　3. 修剪部位
4. 栽后第一年秋　5. 栽后第二年秋　6. 栽后第三年秋

（3）**双层开心形**　又称二层楼形。主干高 30 厘米左右，第一层有主枝 3～5 个，每个主枝上培养 2～3 个侧枝，主枝开张

角为60°左右。第二层安排2～3个主枝，与第一层主枝插空选留。

（4）**自然圆头形**　适用于干性较强的品种。有明显的中心领导干，在中心领导干上每隔一定距离选留1个主枝，主枝不分层，每个主枝上选苗1～3个侧枝。整形树冠呈圆头形。这种树形树冠高大、光照充足，有利于花椒的生长和结果，产量高。

5. 幼龄期修剪

幼龄期修剪的主要任务是培养合理的树体结构，使花椒早成形，早结果。幼树应尽量多留枝条，栽后2～3年基本不去枝，枝多叶多，扩冠迅速，缓和树势，促进营养积累，缩短龄期。幼树轻剪，目的在于早期多生新枝，提高叶片功能，促使由营养生长向生殖生长转化。花椒树一般不短截，只做些撑、拉、曲、别等工作。主枝开张以40°～50°为宜，其余枝条要为永久枝让路。利用生长季节回缩部分临时枝，可与休眠期培养永久枝结合进行。下面以自然开心形为例介绍花椒的整形过程。

（1）**定干**　花椒定植后的当年定干，定干高度为45厘米左右，要求剪口下15厘米以内有6～9个饱满芽。发芽后及时抹除树干基部30厘米以内的芽，以节省养分，促进新梢的生长发育。

（2）**主、侧枝选留**　定干后，当年冬剪时选留3～4个方位、角度合适的健壮枝条作主枝培养，剪留40～50厘米，剪口芽留外芽，剪口下第三芽留在第一侧枝位置。其余辅养枝全部拉平甩放不剪，以后每年对主、侧枝进行相应培养，每主枝上培养2～3个侧枝。

（3）**辅养枝利用**　幼树期辅养枝应尽量多留，采用撑、拉、吊、别等手法开张其角度，结合夏季扭梢、舒枝、环割控制生长，促进早结果和早期制造养分，供树体生长发育。

6. 初果期修剪

花椒从第三年或第四年开始结果，至第六年为结果初期。这段时间，既要使其适量结果，又要注意修剪，在继续培养骨干枝的同时培养结果枝组。

（1）**骨干枝培养** 各骨干枝的延长枝剪留长度应比以前短些，一般剪留 30～40 厘米，树势旺的可适当留长一些，细弱的可短一些。这一时期要维持延长枝头呈 45°左右的开张角度。树龄达到 6 年生左右时，有的树内膛比较空裸，可在适当主枝上选留 1 个内向生长的侧枝填补内膛。主枝间强弱不均衡时，对长势强的主枝可适当疏除部分强枝，多缓放、轻短截；对弱主枝，可少疏枝、多短截，增加枝条总量。在 1 个主枝上，要保持前部和后部生长势均衡，如果前部强后部弱，可采取前部多疏枝、多缓放，后部少疏枝、中短截的方法，控制前部长势，增强后部长势。如果主枝前部弱后部强，可采取与上述相反的修剪方法。

对背后枝，如放任不加控制，几年后该枝就会超过原主枝，背上枝的后部枝枯死，造成结椒部位外移。所以，应及早控制背后枝生长，削弱长势。对生长较弱的背后枝，应进行短截，更新复壮。对徒长枝可采取重短截、摘心等措施，把其培养成结果枝组，或补充空间，增加结椒面积。对生长过肥而且直立的徒长枝，一定要在夏季摘心或冬季在春梢、秋梢分界处短截，促生分枝，削弱长势。当徒长枝改成结椒枝组后，若先端变弱、后部光滑，又无生长空间时，应及时重短截。

（2）**辅养枝利用和调整** 在主枝上，未被选为侧枝的大枝，可按辅养枝培养、利用和控制。在初果期，辅养枝既可增加枝叶量，圆满树冠，又可增加产量，所以只要辅养枝不影响骨干枝的生长，就应轻剪缓放，尽量增加结果量。当其影响骨干枝生长时，应采取去强留弱、适当疏枝、轻度回缩的方法，将辅养枝控制在一定范围内。严重影响到骨干枝生长时，则应从基部疏除。

（3）**结果枝组** 分为大、中、小 3 种类型，但其间并无严格的区别，只是相对的大小差别。一般小型枝组具有 2～10 个分枝，中型枝组有 10～30 个分枝，大型枝组有 30 个以上分枝。小枝组数量多、培养快、占据空间小，但不易更新，寿命较短；大枝组能填补树冠较大的空间，连续结果能力强，更新容易，寿命长；中型枝组介于大、小枝组之间。花椒由于连续结果能力强，容易形成鸡爪状结果枝群，所以必须注意配置相当数量的大、中型结果枝组。特别是骨干枝的中后部，初果期就要在背斜和两侧培养大、中枝组，否则进入盛果期较难培养。由于各类枝组的生长结果和所占空间的不同，枝组的配置要做到大、中、小相间，交错排列。由1年生枝培养结果枝组的修剪方法有以下几种。

①先截后放法　选中庸枝，第一年进行中度短截，促使分生枝条。第二年全部缓放，或疏除直立枝，保留斜生枝缓放，逐步培养成中、小型枝组（图4–3）。

②先截后缩法　选用较粗壮的枝条，第一年进行较重短截，促使分生较强壮的分枝。第二年再在适当部位回缩，培养成中、大型结果枝组（图4–4）。

③先放后缩法　中庸较弱的枝，缓放后很容易形成具有顶花芽的小分枝，第二年结果后在适当部位回缩，培养成中、小型结果枝组（图4–5）。

④连截再缩法　多用于大型枝组的培养，第一年进行较重短截，第二年选用不同强弱的枝为延长枝，并加以短截，使其继续延伸，以后再回缩（图4–6）。

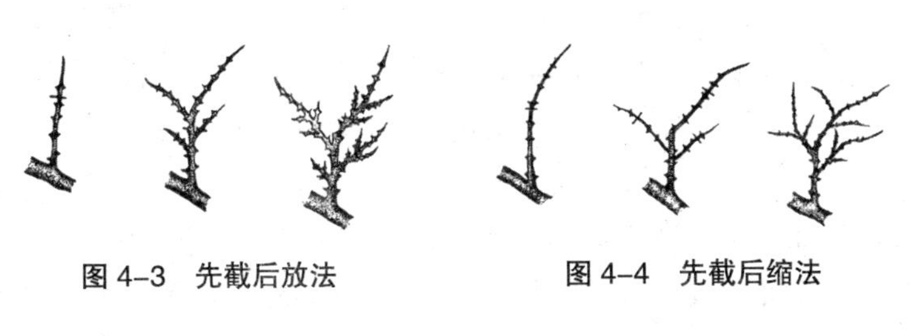

图4–3　先截后放法　　图4–4　先截后缩法

图4–5　先放后缩法

图4–6　连截再缩法

7. 盛果期修剪

花椒一般定植6～7年后开始进入盛果前期，此期整形任务已完成，并且培养了一定数量的结果枝组，树势逐渐稳定，产量逐年上升。到10年生左右，花椒进入产量最高的盛果期，由于产量的迅速增加，树势开张，延长枝生长势逐渐衰弱，树冠扩大速度缓慢并逐渐停止，树体生长和结果的矛盾突出，如果不能较好地调节生长和结果的关系，生长势必然减退，产量下降，提前衰老。一般立地条件较好、管理水平较高的椒园，盛果期可保持20年左右。管理差、长势弱的椒园，只能保持10～15年。因此，修剪的主要任务是维持健壮而稳定的树势，继续培养和调整各类结果枝组，保持结果枝组的长势和连续结果能力，调节花果数量。修剪一般在休眠期进行，枝条密挤时，疏上促下，给内膛枝打开光路；下部枝、内膛枝有放有缩，促其复壮，并可抑制跑条；回缩或疏除对永久枝有影响的临时枝。修剪应适当少留花芽，尽量减少无效消耗，为前期建造健壮新枝、提高坐果率和中后期提高保果率创造条件，实现树壮和高产稳产的目的。

修剪时应掌握均匀留枝不光腿，枝条疏散少漏光。在背上、两侧、背下都有枝的情况下，疏除背上枝，给两侧和背下枝打开光路，复壮下部、均衡枝势。

（1）骨干枝修剪 在盛果初期，如果主侧枝还未占满株行距间的空间，对延长枝采取中短截，仍以壮枝带头。盛果期后，外围枝大部分已成为结果枝，长势明显变弱，可用长果枝带头，使树冠保持在一定的范围内，同时要适当疏剪外围枝，达到疏外养内、疏前促后的效果。盛果后期，骨干枝的枝头变弱，先端开始下垂，这时应及时回缩，用斜上生长的强壮枝带头，抬高枝头角度，复壮枝头（图4-7）。要注意保持各主枝之间的均衡和各级骨干枝之间的从属关系，采取抑强扶弱的修剪方法，保持良好的树体结构。对辅养枝的处理，在枝条密挤的情况下，要疏除多余的临时性辅养枝，有空间的可回缩改造成大型结果枝组。永久性

图 4-7　抬高枝头角度

辅养枝要适度回缩和适当疏枝，使其在一定范围内长期结果。

（2）**结果枝组修剪**　花椒进入盛果期后，一方面在有空间的地方继续培育一定数量的结果枝；另一方面要不断调整结果枝组，及时复壮延伸过长、长势衰弱的结果枝组，保持其生长结果能力。

不同类型结果枝组的调整方法应有区别。小型枝组容易衰退，要及时疏除细弱的分枝，保留强壮分枝，适当短截部分结果后的枝条，复壮生长结果能力。中型枝组要选用较强的枝带头，稳定生长势力，并适时回缩，防止枝组后部衰弱。大型枝组一般不容易衰退，重点是调整生长方向，控制生长势力，把直立枝组引向两侧，对侧生枝组不断抬高枝头角度，采用适度回缩的方法，不使其延伸过长，以免枝组后部衰弱。

各类结果枝组进入盛果期后，对已结果多年的要及时复壮修剪。复壮修剪一般采用回缩和疏枝相组合的方法，回缩延伸过长、过高和生长衰弱的枝组，在枝组内疏剪过密的细弱枝，提高中长果枝的比例。

内膛结果枝组的培养与控制很重要。枝条生长具有顶端优势的特性，内膛枝组容易衰退，特别是中小型枝组常干枯死亡，结果部位外移，产量锐减；而直立的大中型枝组，往往延伸过高，形成树上长树，扰乱树形，产量也会下降。所以，在修剪中更需注意骨干枝后部中小枝组的更新复壮和直立生长的大枝组的控制。

（3）**结果枝的修剪**　盛果期椒树，结果枝一般占总枝量的90%以上，粗壮的中长果枝每果穗结果粒数明显多于短果枝。在结果枝中长果枝占10%～15%、中果枝占30%～35%，短果枝占50%～60%，一般丰产树按树冠投影面积计算，每平方米有果枝200～250个。结果枝修剪方法应以疏剪为主，疏剪与回缩相结合，疏弱留强，疏强留长，疏小留大。

（4）**除萌和徒长枝利用**　花椒进入结果期后，常从根颈和主干上萌发很多萌蘖枝。随着树龄的增加，萌蘖枝也愈来愈多，这些枝消耗大量养分，影响通风透光，扰乱树形，应及早抹除。

盛果期后，由于骨干枝先端长势弱，对骨干枝回缩过重、局部失去平衡时，内膛常萌发很多徒长枝，这些枝长势很强，不仅消耗大量养分，也常造成冠内紊乱，要及早处理。凡不缺枝部位生长的徒长枝，应及时抹芽或及早疏除。骨干枝后部或内膛缺枝部位的徒长枝，为可改造的徒长枝，一般第二年即可抽生徒长性果枝，以后即可稳定结果。徒长枝改造成为内膛枝组时，应选择生长中庸的侧生枝，于夏季枝长30～40厘米时摘心，冬剪时再去强留弱，引向两侧（图4-8）。

图4-8　利用徒长枝培养结果枝组

1. 摘心　2. 萌发副梢　3. 冬剪回缩

8. 衰老期修剪

花椒进入衰老期，树势衰弱，骨干枝先端下垂，大枝枯死，外围枝生长很短、多变为中短果枝，结椒部位外移，产量开始下降。但衰老期是一个很长的时期，如果在树体刚衰退时，能及时对枝头和枝组进行更新修剪，就可以延缓衰退程度，仍然可以获得较高的产量。衰老期修剪的主要任务是及时而适度地进行结果枝组和骨干枝的更新复壮，培养新的枝组，重缩剪枝组，减少结果点，争取穗大、产量高。修剪时适当利用徒长枝，解决树冠的残缺不齐；主枝头下垂的，可利用背上枝更新抬头。修剪只能在休眠期进行。

首先应分期分批更新衰老的主、侧枝，可分段分期进行短截，待后部分复壮了，再短截其他部位。其次，要充分利用内膛徒长枝、强壮枝来代替主枝，并重截弱枝留强枝，短截下部枝条留上部枝条。对外围枝，应先短截生长细弱的，采用短截和不剪相结合的方法进行交替更新，使老树焕发结椒能力。

衰老树更新修剪的方法应依据树体衰老程度而定：进入衰老期时，可进行小更新，以后逐渐加重更新修剪的程度。当树体已经衰老，并有部分骨干枝开始干枯时，即需进行大更新。小更新的方法是对主、侧枝前部已经衰弱的部分进行较重的回缩，一般宜回缩在4～5年生的部位。选择长势强、向上生长的枝组作为主、侧枝的领导枝，把原枝头去掉，以复壮主、侧枝的长势。在更新骨干枝头的同时，必须对外围枝和枝组也进行较重的复壮修剪，用壮枝壮芽带头，使全树复壮。大更新一般是在主、侧枝1/3～1/2处进行重回缩（图4–9）。回缩时

图4–9　骨干枝大更新

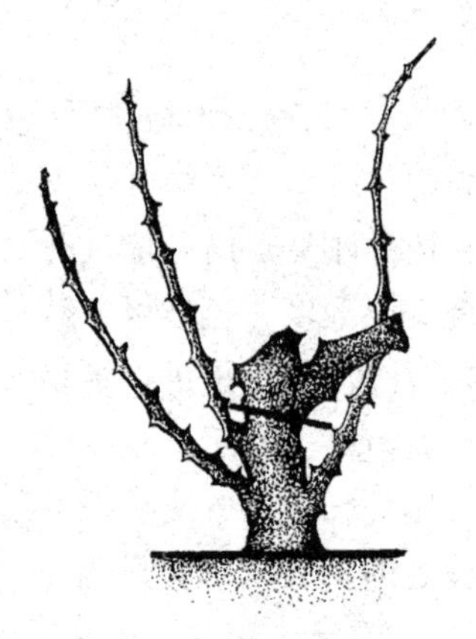
图 4–10　利用萌叶枝更新主枝

应注意留下的带头枝具有较强的长势和较多的分枝，以利于更新。

当树体已经严重衰老、树冠残缺不全、主侧枝将要死亡时，可及早培养根颈部强壮的萌蘖枝，重新构成树冠。一般选择不同方向生长的强萌蘖枝 3～4 个，注意开张角度，按培养主侧枝的要求进行修剪，待 2～3 年后把原树头从主干基部锯除，使萌蘖枝重新构成丛状树冠（图 4–10）。

花椒树的萌枝力较强，所以对衰老树可以进行伐后萌蘖更新。这样从根部萌发的新树，2 年后即可重新结椒。采用这种方法培育的新椒树，仍可继续结果 15～20 年。

在修剪过程中一般不要锯大枝，因为大枝是树体的骨干枝和主体，剪掉后很难再长成，也会削弱树势，影响结椒。如大枝非锯不可，那么锯口一定要平整光滑。否则，留桩高了，伤口愈合不好，易遭受病虫害，影响树体生长；留桩低了，锯口易干枯，伤口面积大，会削弱树体生长。锯时要注意从上往下、锯口微微向外倾斜，为防止劈裂应有人扶往。锯完后，锯口用修枝刀削平，并在锯口上涂抹保护剂（接蜡、波尔多液等）。

花椒树衰老期，树冠下土壤内的根大多木栓化，且树冠外缘土壤内的吸收根活动也很微弱，所以生产中常用树冠外缘深翻断根法对根系修剪，促发新根。老椒树根系修剪，一般结合早秋果园深翻施肥进行。在树冠外缘的下垂处，挖一条深、宽均为 50～100 厘米的环状沟，挖沟时遇到直径 1.5 厘米粗的根系时将其切断，断面要平滑，以利伤口愈合发新根。根系修剪时期以 9 月下旬至 10 月上旬效果较好，有利于断根愈合和新根形成。修根量每年不可超过根群的 40%，或以达到 1.5 厘米粗根系的 1/3

为宜。

9. 放任树修剪

我国的花椒树大多属于放任树，管理粗放，一般不进行修剪，任其自然生长。放任树的表现是骨干枝过多，枝条紊乱，先端衰弱，结果部位外移，落花落果严重，产量低而不稳。放任生长树改造修剪的任务是改善树体结构，复壮枝头，增强主、侧枝的长势，培养内膛结果枝组，增加结果部位。

（1）放任树修剪方法

①树形改造　放任树的树形多种多样，应本着因树修剪、随枝整形的原则，根据不同情况区别对待。一般多改造成自然开心形，有的也可改造成自然半圆形，无主干的可改造成自然丛状形。

②骨干枝和外围枝调整　放任树一般主、侧枝过多，修剪时先对树体进行细致的观察分析，根据空间对大枝进行整体安排，疏除扰乱树形严重的过密枝，重点疏除中后部光秃严重的重叠枝、多叉枝、徒长枝。对骨干枝的疏除量大时，一般应有计划地在2～3年内完成，有的可先回缩，待以后分年处理。要避免一次疏除过多，使树体失去平衡，影响树势和当年产量。

树冠的外围枝，由于多年延伸和分枝，大多为细弱枝，有的成下垂枝。对于影响光照的过密枝应适当疏剪，去弱留强；已经下垂的要适度回缩，抬高角度，复壮枝头，使枝头既能结果，又能抽生比较强的枝条。

③结果枝组复壮　花椒喜光，疏除过多的大枝后改善了光照条件，为复壮枝组和充实内膛创造了条件。对原有枝组采取缩放结合的方法，在较旺的分杈处回缩，抬高枝头角度，增加生长势力，提高整个树冠的有效结果面积。

疏除过密大枝和调整外围枝后，骨干枝上萌发的徒长枝增多，无用的要在夏季及时除萌。同时，要根据空间大小，有计划地利用徒长枝培养内膛结果枝组。内膛枝组的培养，应以大中型结果枝组斜侧枝为主。衰老树可培养一定数量的背上枝组。

④引枝补空，圆满树冠　中下部光秃、没有形成良好枝组的大树，采取重压法，使其光秃部位萌发新枝，形成良好的枝组。

（2）放任树分年改造　大树改造修剪必须因地制宜、因树制宜，既要加速改造，又不可操之过急，改造树形要从解决光照入手，先处理中间影响光照大的枝，后处理交叉枝、重叠枝、病虫枝、枯死枝。大致可分3年完成。

第一年，以疏除过多的大枝为主，为结果枝组的调整和培养腾出空间。同时，要对主、侧枝的领导枝进行适度回缩，用角度小、长势强的枝组代替枝头，以复壮主、侧枝的长势。

第二年，主要是对结果枝组的复壮，使树冠逐渐圆满。对枝组的修剪，以缩剪为主，疏、缩相结合。回缩延伸过长、方向不正、生长过弱的枝，选留好枝为带头枝，增强长势。稳定结果部位，疏剪细弱的结果枝，增加中长果枝的比例，使全树长势转旺。同时，要有选择地将主、侧枝中后部的徒长枝培养成结果枝组。

第三年，主要是继续培养内膛结果枝组，增加结果部位，更新衰老枝组。

10. 采椒后树体管理

（1）保护叶片　花椒采收后到落叶前，椒树一直保持叶片浓绿和完整，生产中在加强病虫害防治的同时，叶面喷施0.1%～0.3%尿素溶液或0.1%～0.3%硫酸亚铁溶液，以增强叶片的光合性能，积累更多的碳水化合物和有机态氮。

（2）秋施基肥　秋施基肥以有机肥为主，一般成年树每株施100～200千克厩肥或8～15千克饼粕。采用开沟施肥的方法，即沿树冠投影圈，挖2条东西或南北向的深40厘米的沟，放入肥料并将沟填平。有条件的农户，还可每株施2.5千克磷肥。磷肥的流动性较差，必须深施。秋施基肥，一般从9月份开始到落叶前均可进行，但早施效果优于晚施。

（3）树底壅土　每隔一定时期，在树干周围壅一层新土，将

裸露在外的根系埋住，增加根群上面的土壤，有利花椒根系向纵深发展，吸收更多的养分，以利于开花结果。

（4）树干涂白　冬季树干涂白，不仅有利于椒树安全过冬，而且可以防治病虫害。对于有吉丁虫危害的椒园，先刮治后涂白，效果更好。涂白剂按 12∶2∶36 的比例，将石灰、食盐、硫黄加水混合均匀而成。

（5）采椒时的修剪作用　采收花椒果实也叫掐花椒，一般是连同花序基部的果枝一并摘取。由于花芽分布在果枝顶端或叶腋，采椒时一般不要把旺壮果枝顶端饱满的大芽掐去，瘦弱果枝上的头芽多不在果枝顶端，而在倒数 2～3 节的叶腋，掐椒时应同时掐去大芽以上的瘦弱枝节，以减少树体对养分的消耗。叶丛枝上的果穗小、果粒少，而且果枝上只有瘦小的育花芽，难以抽生出较好的育花枝，采收果实时应连同叶枝一起抹除。但在秃干部位应适当保留，并加以利用。

（6）大小年调整　花椒树是 1 年 1 次结果的树种，一般果实成熟早的品种大小年结果现象不明显，成熟期晚的品种相对显著。修剪时，欠收年适当少剪枝条、少留育花芽，加强后期管理，增加树体营养，促其形成较多的饱满花芽，为翌年丰产打好基础。只有这样，才能逐渐减轻大小年之间的产量差距，逐步复壮树势，变欠收年为丰产年。

（7）疏花疏果　进入盛果中后期的椒树，绝大多数新梢顶端都着生花序，开花结果。为了不影响新梢生长，增强树势，防止落花落果和果实颗粒变小，应进行疏花疏果。疏花疏果在花序刚分离时进行，强旺主枝、侧枝、枝组应少疏或不疏花序，让其多结果缓和长势；弱的主枝、侧枝、枝组应多疏花序，让其少结果，复壮长势。一般当 5 厘米以上的结果枝占 50% 以上时，应间隔摘去 1/3～1/4 的花序。若 5 厘米以上的结果枝在 50% 以下时，应摘去 1/4～1/3 的花序。

（8）除萌　除萌就是抹去无利用价值的萌蘖，也叫抹芽。在

发芽初期抹掉多余的小芽，生长高峰期除去多余的萌条是春夏季甚至是初秋季常用的修剪方法。萌芽的去留要根据枝条的配制是否得当来确定，一般应抹除主枝背面的旺枝、徒长枝和背下细弱枝，除去无利用价值的萌蘖枝。在除萌的同时可按需要对部分萌生枝进行断头，促其向果枝发展。除萌一般在发芽后连续进行2～3次。下部缺枝部位，特别是永久枝上两侧萌发的芽宜留则留。抹去枝背上的芽；两侧不萌芽，只是背上萌芽时则要适当保留；但要摘心控制，促生分枝，待下次修剪时选向两侧生长的培养利用。缩去直立的，缩或疏大枝伤口附近萌发的新芽，适当保留1～2个，摘心控制，促进伤口愈合，多余的抹去。

11. 伤口保护

花椒树伤口愈合慢，修剪及田间操作造成的伤口要及时保护，特别是“朝天疤”，遇雨容易长期过湿，愈合困难，导致木质腐烂，所以修剪后一定要处理好伤口。锯枝时锯口要平，防止劈裂。为了避免伤口感染，有利伤口愈合，必须用锋利的刀将伤口四周的皮层和木质部削平，再用4～5波美度石硫合剂进行消毒，然后进行保护。常见的保护方法有涂铅油、油漆、稀泥和地膜包裹等，这些伤口保护方法均能防止伤口失水，但在促进伤口愈合方面不如涂抹伤口保护剂效果好。生产中可以选用果树专用伤口保护剂，也可自己配制。

（1）**液体接蜡** 用松香6份、动物油2份、酒精1份、松节油1份配制。先把松香和动物油同时加温化开，搅匀后离火降温，再慢慢地加入酒精、松节油，搅匀装瓶密封即可。

（2）**松香清油合剂** 用松香1份、清油（酚醛清漆）1份配制。先把清油加热至沸，再将松香粉加入拌匀即可。冬季使用应酌情多加清油，夏天可适量多加松香。

（3）**豆油铜素剂** 用豆油、硫酸铜、熟石灰各1份配制。先把硫酸铜、熟石灰研成细粉，然后把豆油倒入锅内熬煮至沸，再把硫酸铜、熟石灰加入油内充分搅拌，冷却后即可使用。

（4）伤口涂补剂　郑州神力润升化工有限公司研制成的高效环保愈创剂，内含大量高级营养元素，并可短时间内在植物伤口、切口、截口处形成保护层，快速产生愈伤组织，愈合伤口，防病抗腐。每瓶可涂抹 1～1.2 米^2。

第五章
花椒园地管理

我国花椒大多数栽植在山区和丘陵区，这些地区一般地势陡峻、坡度大、水土流失严重、土质瘠薄、结构不良，不利于花椒生长发育，因此应加强花椒园地管理。

一、土壤管理

土层深度不足50厘米的岩石或硬土层的瘠薄山地，或30～40厘米以下有不透水黏土层的沙地及河滩地，深翻效果明显。尤其山地土层浅、质地粗、保肥蓄水能力差，深翻可以改良土壤结构和理化性质，加厚活土层，有利于根系的生长。

1. 深翻改土

（1）深翻时期 深翻改土在春、秋两季均可进行。春季在土壤解冻后及早进行，这时地上部尚处在休眠期，根系刚刚开始活动，受伤根容易愈合和再生。北方，春旱严重，深翻后树木即将开始旺盛的生命活动，需及时浇水才能收到良好的效果。夏季要在雨季降第一场透雨后进行，特别是北方一些没有灌溉条件的山地，深翻后雨季来临，可使根系和土壤密结，效果较好。秋翻一般在果实采收后至晚秋进行，此时地上部生长已缓慢，翻地后正值根系第三次生长高峰，伤口容易愈合，同时能刺激新根生长。深翻后经过冬季，有利于翌年根系和地上部的生长，故秋翻是有

灌溉条件椒园较好的深翻时期。但在冬季寒冷、空气干燥的地区，为了防止秋季深翻发生枝条抽干，也可以在夏季深翻。夏翻后，一般正值雨季，土壤塌实快。但要注意少伤根、多浇水，否则容易造成落叶。

（2）**深翻方法**　深翻的深度与立地条件、树龄大小及土壤质地有关，一般为50～60厘米，比根系主要分布层稍深。深翻改土方法主要有以下几种。

①扩穴深翻　在幼树栽植后的前几年，自定植穴边缘开始，每年或隔年向外扩展拓宽50～150厘米、深60～100厘米的环状沟，把其中的沙石、劣土掏出，填入好土和有机质。这样逐年扩大，至全园翻完为止。

②隔行或隔株深翻　先在1个行间深翻，留1行不翻，第二年或几年后再翻未翻过的1行。若为梯田，一层梯田1行株，可以隔2株深翻1个株间土壤。这种方法，每次深翻只伤半面根系，可避免伤根太多。

③里半壁深翻　山地梯田，特别是较窄的梯田，外半部土层较深厚，内半部多为硬土层，深翻时只翻里半部，从梯田的一头翻到另一头，把硬土层一次翻完。

④全面深翻　除树盘下的土壤不翻外，一次全园深翻。这种方法因一次完成，便于机械化施工，只是伤根过多，多用于幼龄椒园。

⑤带状深翻　主要用于宽行密植的椒园，即在行间自树冠外缘向外逐年进行带状开沟深翻。

无论何种深翻方法，其深度应根据地势、土壤性质而定。深翻时表土、心土应分别放置。填土时表土填入底部和根的附近，心土铺在上面。沙地几十厘米深有黏土层时，应将黏土层打破，把沙土翻下去与土或胶泥混合。深翻时最好结合施入有机肥，下层施入秸秆、杂草、落叶等，上层施入腐熟有机肥，肥和土拌匀填入。深翻时注意保护根系，少伤粗1厘米以上的大根，并避免根系暴露时间太久和冻害。粗大的断根，最好将断面削平，以利愈合。

2. 培土和压土

花椒易受冻害，特别是主干和根颈部抗寒力低，在北方寒冷地区需进行培土。培土最好用有机质含量高的山坡草皮土，翌年春季均匀地撒在园田，可增厚土层，增强保肥蓄水能力。坡地压土如同施肥，压1次土有效期达3～4年，连年压土的椒园比对照增产约26.2%。

3. 梯田整修与改造

梯田整修，每年进行2次，第一次在冬春季节结合土壤耕翻，进行地堰修补和覆土加高。第二次是雨季，及时修复被雨水冲毁的坝堰，清除排水沟和沉淤的淤泥，使园地成为保土、保肥、保水的“三保田”。

用石块垒砌的石壁梯田，缝隙往往生长很多小灌木和杂草，影响花椒生长。生产中需要拆除石堰的上部，清除灌木和杂草，重新垒砌，我国北方群众称之为倒堰。倒堰多在秋后和早春进行，从地堰的一头开始，拆除石堰上部60～80厘米高，逐渐向前翻到另一头，边拆边砌。

简易梯田的改造，包括加固和加高坝堰、整平田面、修筑排水沟和沉淤坑等。改造后，第二年树势得到恢复、增产约21.6%，第三年增产约43.3%。

二、除草松土

花椒根浅，群众称“顺坡溜”，易与杂草争肥水。松土除草可以消灭杂草，改善土壤通气条件，加快土壤微生物的活动，促进土壤有机质的分解、转化，提高土壤肥力，利于花椒根系的生长发育。农谚道“花椒不除草，当年就衰老”。

在花椒树生长发育过程中，从幼树定植后的第二年就要开始

中耕除草，方法有中耕除草、覆盖除草、药剂除草 3 种。

1. 中耕除草

花椒树栽植当年中耕除草（松土除草）2 次，即春季发芽前后及秋季采收前后进行，以后每年松土除草 3～5 次，杂草发芽后的早春、采收前后及采收后各进行 1 次。第一次锄草和松土，应在杂草刚发芽的时候，时间越早，以后的管理就越容易。第二次在 6 月底以前，因为这时是椒苗生长最旺盛的季节，也是杂草繁殖最严重的时期。锄草松土时不要损伤椒苗根系。在椒树栽植后的前几年，特别要重视锄草松土，第一年锄草松土 4～5 次，第二年 3～4 次，第三年 2～3 次，第四年 1～2 次。在杂草多、土壤容易板结的地方，每下 1 次雨后，均应松土 1 次，特别是春旱时浇水或降雨后均应及时中耕。松土除草用锄进行，树周围宜浅，向外逐渐加深，勿伤根系，将草连根锄掉，同时注意修整树盘、培土，防止水土流失。

2. 覆盖除草

地面覆盖除草以覆草为好，一般可用稻草、谷草、麦秸、绿肥、山地野草等，覆盖厚度约 5 厘米，覆盖范围应大于树冠，盛果期需全园覆盖。覆盖后应隔一定距离压一些土，以免被风刮去。果实采收后，结合秋耕将覆盖物翻入土壤中，然后重新覆盖，或在农作物收获后，把所有的秸秆全部打碎铺在地里，让秸秆腐烂，增加土壤有机质。秸秆铺地覆盖，可防止杂草滋生。同时，地面覆盖，夏季可以降低土壤温度，初春和冬季又可提高土壤温度，有利于椒树生长发育。

3. 药剂除草

药剂除草可以达到除草的目的，但容易造成地面光秃，不能增加土壤有机质含量，也不能改善水分供应状况。在草荒严重、椒树面积大时，应用药剂除草是行之有效的方法。常用除草剂有西马津、利谷隆、敌草隆、燕麦畏、麦草畏、甲草胺、氟乐灵、苯达松、丁草胺等，用法用量可参考产品说明书。

三、合理施肥

花椒树正常生长结果需要多种大量营养元素和钙、硫、硼、锌、铜、锰、铁、钼等中微量元素，因地、因树合理施肥，才能达到预期的效果。

1. 施肥时期

一般可分基肥、追肥。基肥施用要早，追肥施用要巧。

（1）**基肥** 是1年中较长时期供应养分的基本肥料，通常以迟效性有机肥料为主，如腐殖酸类肥料、堆肥、厩肥、绿肥及作物秸秆等，施后可以增加土壤有机质，改良土壤结构，提高土壤肥力。基肥也可混施部分速效氮素化肥，以增快肥效。过磷酸钙、骨粉直接施入土壤中常易与土壤中的钙、铁等元素化合，不易被吸收。为了充分发挥肥效，宜将过磷酸肥、骨粉等与圈肥、人粪尿等有机肥堆积腐熟，然后作基肥施用。

施基肥的最适宜时间是采椒后的秋季，其次是落叶至封冻前，以及春季解冻后到发芽前。秋施基肥有充分的时间腐熟和供花椒树在休眠前吸收利用，这时根正处于生长高峰，根系受伤后，容易愈合产生新的吸收根，吸收能力强，可以增加树体的营养储备，满足春季发芽、开花、新梢生长的需要。落叶后和春季施基肥，肥效发挥慢，对花椒树开花坐果和新梢生长的作用较小。

（2）**追肥** 又叫补肥，是在施基肥的基础上，根据花椒树各物候期的需肥特点补给肥料。一般在生长期，特别是萌芽前和开花后进行。追肥以速效性肥料为主，幼树和结果少的树，在基肥充分的情况下，追肥的数量和次数可少；养分易流失的土壤，追肥次数宜多。

2. 施 肥 量

据常剑文对15年生花椒树的试验，连年株施基肥（猪粪）50千克、追肥（硝酸铵）0.5千克的植株，比对照椒树每果穗结

果粒数提高 31.8%、株产量增加 65.1%。

花椒施肥量，常因品种、树龄、树势、结果量和土壤肥力水平不同而异。幼龄期需肥量少，进入初结果期后，随着结果量的增长施肥量也需增加。肥料施入土壤后，由于土壤固定、侵蚀、流失、地下渗漏或挥发等原因不能完全被吸收，肥料利用率一般氮为 50%、磷 30%、钾 40%。

发芽前，在降雨后或有浇灌条件的可施速效肥 1 次，可沿树冠在地面投影线的边缘挖宽 30 厘米、深 40 厘米的环状沟施肥。老龄树每株施氮肥 1 千克、磷肥 2.5 千克；盛果期树每株施氮肥 0.8 千克、磷肥 0.75～1 千克；挂果幼树每株施氮肥 0.25～0.5 千克、磷肥 1 千克。将化肥均匀撒入沟中，用熟土覆盖后再用生土填压。7～8 月份以同样的方法和数量施肥。于秋末冬初在树冠下地面的相同部位开沟或挖穴施农家肥，施肥量按老龄树 20 千克、盛果期树 15 千克、挂果幼树 5 千克。

生产中要注意，速效肥应在浇水前或降雨前后开沟施入，施肥量不能太大。浇水量要适中，浇水应在早晨或下午进行。

基肥主要为农家肥，配以少量磷肥。农家肥采用腐熟的牲畜粪、人粪尿和农家沤制的肥料，忌施生粪，以免滋生地下害虫。施肥量应依土壤肥力状况、树木大小等决定。瘠薄地块施肥量应加大，小树施肥量宜小，大树施肥量宜大。一般中等肥力的地块，2～6年生树，株施农家肥 10～15 千克、磷肥 0.3～0.5 千克；6～8 年生树，株施农家肥 15～20 千克、磷肥 0.5～0.8 千克；8 年以上盛果树株施农家肥 20～60 千克、磷肥 0.8～1.5 千克。

3. 施肥方法

基肥采用埋施，可与扩盘一同进行。全园施肥适于成年花椒树和密植花椒树，即将肥料先均匀撒于地上，然后翻入土中，深度 20 厘米左右，一般结合秋耕和春耕进行，也可结合浇水施用。全园施肥根系各部分都能吸收养分，而且可以机械化作业；但因施肥较浅，易导致根系上返，降低椒树抗旱性。

除全园施肥外，还可开沟施肥，如环状施肥、放射状施肥、条状施肥和穴施等方法。

（1）环状施肥 是以树干为中心，在树冠周围挖一环状沟，沟宽20～30厘米，深度要因树龄和根系分布范围而定。幼树在根系分布的外缘挖沟时可深些；大树根系已扩展很远，在树冠外围挖沟，一般以深20～30厘米为宜。环状沟沿树冠垂直影外缘开，逐年向外扩展。挖好沟后，将肥料与土混匀施入，覆土填平。以后每年随根系的扩展，环状沟也应扩大。

（2）放射状施肥 开沟时，沟的内侧在树冠下距树干0.5～1米处，开始向外挖放射沟6～10条。沟的深度、宽度与环状沟相同，但需注意由树干部位向外逐渐加深，避免伤及大根，沟的长度可到树冠外缘。施肥后覆土填平。每年挖沟时，应变换沟的位置。此法伤根较少，而且施肥面积大，适于成年椒树应用。缺点是矮干树操作不方便，而且易伤大根。

（3）条状施肥 在花椒树行间开直条沟施肥，沟长同树冠直径。开沟时注意将表土与底土分开放置，沟开好后，农家肥、磷肥与表土拌匀填入沟内，将生土覆于沟的上部。在宽行密植的椒园常采用此法，便于机械化施肥，缺点是伤根多。

（4）穴状施肥 施肥前，在树冠距主干2/3处以外，均匀挖若干小穴，穴的直径50厘米左右，将肥料施入，然后覆土。这种施肥方法多在椒粮间作园或零星树木园追肥时采用。

（5）灌溉式施肥 即浇水与施肥相结合，肥料分布均匀，既不伤根又保护耕作层土壤结构，节省劳力，肥料利用率高。树冠密接的成年椒、密植椒园及旱作区采用此法更为合适。

（6）根外施肥 也叫叶面喷肥，将肥料溶解到水中，再喷到植株上，这种方法称为根外施肥，简称叶面施肥。根外施肥的优点是肥效快，2小时后即可被吸收利用，而且在各类新梢中分布均匀，因此对弱枝更为有利。易被土壤固定的元素如磷、钾、铁、锌、硼等，用叶面施肥效果快而节省肥料。叶面追肥还可结

合喷药进行，节省劳力。花椒间种作物，土壤施肥不便时，可以进行叶面追肥。

花椒花期可喷施0.5%硼砂+0.5%磷酸二氢钾混合液，或0.3%～0.5%尿素+0.3%磷酸二氢钾混合液，或0.3%～0.5%尿素溶液，每隔7～10天喷1次，连喷2～3次；果实膨大后可喷施0.5%尿素+0.3%磷酸二氢钾混合液，每7～10天喷1次，连喷2次。叶面喷肥可使坐果率提高7.56%，每穗结果粒数增加86.6%。

叶面喷肥应注意的问题：①根据花椒各个时期的需肥特点，选择适宜的肥种。花期以氮、磷肥为主，同时喷硼肥、稀土和赤霉素等；果实膨大期以磷、氮肥为主；生长后期以钾肥为主（表5-1）。②浓度不宜过大，以免造成药害。应采用低浓度勤喷法，一个施肥期每隔7～10天喷施1次，连喷2～3次。叶背、叶表都要喷，喷药量以叶尖即将滴水为宜。③喷施时间应在上午10时以前和下午4时以后，以免气温高，影响施肥效果和导致叶片受害。

表5-1 花椒叶面喷肥的浓度及时期

肥料名称	水溶液浓度	喷施时期
尿　素	0.3%～0.5%	花期、果实膨大期
硝酸铵	0.2%	花期、果实膨大期
硫酸铵	0.2%～0.3%	花期、果实膨大期
硫酸铜	0.2%～0.5%	花期、果实膨大期
磷酸二氢钾	0.2%～0.5%	花期、果实膨大期
过磷酸钙	1%～2%	花期、果实膨大期
氯化钾	0.3%	年生长后期
硫酸钾	0.3%～0.5%	年生长后期
硼　砂	0.2%	花期、果实膨大期
硼　酸	0.1%～0.3%	花期、果实膨大期
硫酸锌	1.5%	

续表 5-1

肥料名称	水溶液浓度	喷施时期
硫酸亚铁	0.3%～0.5%	萌芽后
多元液体肥	0.2%	生长期
钼酸铵	0.5%～1%	
防落素	0.3%	花期、采前 1 个月
赤霉素	10 毫克 / 千克	花　期
稀　土	300 毫克 / 千克	花　期
草木灰	3%～5%	

四、水分管理

1. 浇　水

花椒虽然耐旱，但水分不足时，轻则影响生长发育和产量，重则致死，因此有条件的地方应根据当地年降水量的多少进行适当灌溉。花椒在一年中应浇好萌芽水、坐果水、果实膨大水和落叶后的封冻水。

（1）浇水时期

①萌芽水　北方地区，冬春少雪缺雨，而这时正值花椒萌芽、开花、坐果期，需水量大，此期浇水非常重要。在春季泛碱严重的地方，萌芽前浇水还可冲洗盐分；有霜冻的地方，萌芽灌水能减轻霜冻危害。浇水时间为发芽后的 3 月中旬，浇水量不宜过大，次数不宜过多。

②花后水　又叫坐果水，一般在谢花后 2 周浇 1 次水。这时正值花椒幼果迅速膨大期，也是花椒花芽分化期，及时浇水，不但可满足果实膨大对水分的需要，还可促进花芽分化，在提高当年产量的同时又能形成大量花芽，为翌年高产创造条件。浇水量应适中。

③秋前水　又叫果实膨大水，特别是北方产椒区，7月份干旱少雨，果实膨大中后期仍需浇水1次。8～9月份采摘果实后，常发生秋旱，这时要结合施基肥浇1次水。浇水量不宜大，以中午树叶不萎蔫、秋梢不旺长为宜。

④休眠期浇水　又叫封冻水，花椒落叶后浇1次水，对花椒越冬和翌年春生长均有利。

（2）浇水量　浇水量应根据品种、树冠大小、土质、土壤湿度、降雨情况及浇水方法来决定。适宜的浇水量，应以一次浇水使花椒根系分布层、即40～60厘米土层渗透湿润为宜，使土壤湿度达到田间最大持水量的60%～80%。常在树干基部周围增加直径40～50厘米、高30厘米的土堆，这样可以通过浇水使椒树得到生长发育所需的水分，又不致因根部积水而引起死亡。

（3）浇水方法　浇水方法有行灌、分区灌溉、沟灌、树盘灌、喷灌、滴灌等。行灌，是在树行两侧、距树各50厘米左右修筑地埂，顺沟浇水。行较长时，可每隔一定距离打一横渠，分段浇水。该法适于地势平坦的幼龄花椒园；分区灌溉是把花椒园划分成许多长方形或正方形的小区，纵横做成土埂，将各区分开，通常每棵树单独成1个小区，小区与田间主灌水渠相通。椒树根节庞大、需水较多的成年椒园，浇后极易造成板结；沟灌是在水源充足的地区，在树盘下开环状沟，沟宽、深均为20～25厘米，引水灌溉后封土；树盘灌是依树冠大小，顺行向筑成2条浇水地埂，沿树盘浇水，待水渗下后及时中耕松土，此法浇水均匀，浇水量比较充足；穴灌是在水源不足的地区，在树冠范围内挖6～12个穴，穴深30～60厘米、以不伤根为度，穴宽20～30厘米，然后在穴内浇水，每穴浇水3～5升。浇后覆土，干旱地区浇后可不覆土而用草覆盖。有条件的地方，可采用滴灌和喷灌，但投资较大。

2. 排　水

花椒不耐涝，对地面积水和地下水位过高均很敏感。积水5

天时，叶片变黄，开始萎蔫；7天时叶片全部萎蔫、脱落；10天时植株死亡。这是因为地表积水，土壤通气不良，使根系呼吸作用受抑制，以致窒息死亡。因此，雨季应加强排水。

五、覆盖保墒

园地覆盖方法有覆膜、覆草、绿肥压青、培土等，其作用是改良土壤，增加土壤有机质；减少土壤水分蒸发，防止雨水冲刷和风蚀，保墒、防旱；提高地温，缩小土壤温度变化幅度，促进根系生长，抑制杂草滋生及减少裂果等。

1. 树盘覆膜

花椒树多在山地上栽植，土壤水分是影响生长发育的主要因素。因此，除栽前修筑梯田外，实行树盘覆膜是减少土壤水分散失、蓄水保墒的有效措施。早春地解冻浇水后覆膜，其操作方法：以树干为中心，呈内低外高漏斗状覆盖普通农膜，使膜、土密接，中间留一孔并用土盖住，以便渗水。最后将膜四周用土埋住，防止被风刮掉。树盘大小与树冠径相同。在干旱地区地膜覆盖对树体生长的影响效果更显著。

2. 园地覆草

在春季花椒树发芽前，树下先浅耕1次，然后在树盘下或树行内覆盖秸秆、杂草、厩肥、锯末等，厚度10～15厘米。覆盖范围主要在树冠投影内，也可适当向外扩展。连年覆盖的作用：一是覆盖物腐烂后表层腐殖质增厚，土壤有机质增加，提高了肥力；二是平衡土壤含水量，增加土壤持水能力，减少径流和蒸发，保墒抗旱；三是调节地温，夏季有利于椒树的生长，冬春季可延长根的活动时间；四是增加根量，促进树势健壮，提高产量。

覆盖时应注意：①覆盖后稍加拍打，使覆盖物紧实；间隔压土，以防被风刮起。②覆盖物不能带病菌、虫卵及杂草种子，以免椒园受到病虫和杂草的危害。特别是注意防治鼠害。③覆盖前

在树干基部培土堆，以防树下积水引起椒树死亡。④严禁火种，以防引起火灾。⑤覆盖 3～4 年后覆盖物腐烂，应尽快将其翻入土壤，重新覆盖。

3. 培　土

对山地、丘陵等土壤瘠薄的花椒园，培土可增厚土层，防止根系裸露，提高土壤保水、保肥和抗旱性，增加可供树体生长所需养分的能力。花椒在我国黄河流域及以北地区，个别年份地上部易受冻害，培土可提高树体抗寒能力，降低冻害。培土一般在落叶后结合冬剪、土肥管理进行，春暖时及时清除培土。培土高度因地制宜，一般为 30～80 厘米。

六、树体管理

良好的树形是优质、高产和稳产的基础。进入结果期的椒树树冠应保持层次分明，通风透光、枝组分布均匀合理、树势和枝组长势健壮。每年对主枝和侧枝的枝头进行短截或回缩，保持枝头呈 50° 的角度；枝组间交替更新，在枝组内轻剪发育枝；树冠内骨干枝上无发展空间的背上直立枝要疏除，有发展空间的要重短截，降低枝位，培养成背上小枝组；疏除细弱和过密的枝条，保留下来的枝条要缓放中庸的、软化强旺的、短截复壮老的，使树冠内枝组生长健壮、均衡，通风透光。

1. 花果促控

花椒进入结果中后期，绝大多数新梢顶端将着生花序、开花结果，如不进行疏花疏果，不但新梢生长量小、树势渐弱，而且还会造成严重落花落果，果实颗粒小，产量不稳。5 月上旬，花序刚分离时为疏花疏果的最佳时期。疏花疏果应整序摘除，疏花疏果量应根据结果枝梢长度而定，一般 5 厘米以上结果枝占 50% 以上，间隔摘去 1/5～1/4 的花序；5 厘米以上结果枝为 50% 以下，摘去 1/4～1/3 的花序。通常对过旺的主枝、侧枝和枝组不

疏或少疏花序，让其多结果，缓和树势；弱的主枝、侧枝和枝组多疏花序，让其少结果，复壮长势。同一主枝或侧枝上，前、后部长势差异较大时，疏除量应有所不同。一般前强后弱，则前部不疏或少疏花序，后部多疏花序，让前部多结果以缓和长势，后部少结果以复壮长势；前弱后强，则采取相反的方法疏除花序。这样，既可达到疏花疏果的目的，又起到平衡枝势、树势的作用。

2. 防止落花落果

（1）发生原因 一是花期花朵生长需要大量养分，而放出的大量香气吸引蚜虫等危害了叶片的正常功能，造成营养不良而落花落果。坐果以后，果实生长需要大量养分时却供应不足，造成生理落花落果。二是不良环境条件，如低温冻害、长期干旱、病虫危害、枝条过密、光照不足、雨水过多或过少影响授粉受精等。三是同一果序中，由于果实生长发育快慢不一，发育慢的果实营养缺乏而落果。四是病虫危害。

（2）防止措施

①促进幼树成花 花椒幼树可用1 500毫克/千克丁酰肼（比久）＋800毫克/千克乙烯利混合液喷施促花。4～5年生已初具结果树冠的大红袍，可通过控制营养枝促花。

②防旱防涝 春夏季气温较高，雨水缺乏，要及时浇水防旱，一般1个月左右浇1次水，浇水后最好铺一层石沙保墒。暴雨后及时排水防涝，严防积水涝根死树。

③增施肥料 坐果期结合浇水施肥，5月上旬施幼果肥，每株施氮肥0.1～0.3千克、磷肥0.5～1千克，或氮、磷、钾肥按0.15 : 0.5 : 0.3的比例混合施用，通过环状穴施入根部土壤中。同时，每株施农家肥15千克，或尿素0.25千克、锌肥0.1千克、磷肥0.5千克。最后1次在花椒收获前1个月施足补养肥，恢复树势，这次只施农家肥。此外，萌芽期用0.3%尿素＋0.2%磷酸二氢钾混合液喷施，幼果期用0.3%～0.5%硼砂＋0.4%尿素＋0.3%磷酸二氢钾混合液喷施，每隔7～10天喷1次，连喷2～5次。

④科学整枝修剪 培养良好树形，合理灌水培养壮树，提高抵抗不良环境的能力。

⑤防治病虫害 花椒落花落果期主要有叶锈病、天牛、蚜虫、瘿蚊、椒白蚧等20多种病虫害，要随时检查及时喷药防治。

⑥防止成年树落花 花椒成年树一般在3月下旬萌芽，4月中旬现蕾，5月上旬盛花，5月下旬开始谢花。可在盛花期叶面喷施10毫克/千克赤霉素溶液，或0.5%硼砂溶液；终花期喷施0.3%磷酸二氢钾＋0.5%尿素混合液；落花后每隔10天喷施1次0.3%磷酸二氢钾＋0.5%尿素混合液，共喷2～3次。

3. 冬季管理

加强花椒树冬季管理，对降低病虫越冬基数、减少病虫害、保护树体、提高产量具有重要作用。

（1）**施肥** 秋季未来得及施基肥的椒园，应在冬季土壤封冻前将基肥施入。

（2）**剪枝** 进行整形修剪。

（3）**刮皮** 在椒树的粗皮裂缝中常寄生着很多越冬虫卵，树干上也常有桑白蚧，刮除粗皮和流胶斑集中烧毁，再擦上流胶威、索利巴尔农药，然后抹上稀泥覆盖伤口，消灭病菌和虫卵。

（4）**涂干** 树干涂白，延迟萌芽和开花，减少春季晚霜危害。同时，可杀死树皮内隐藏的越冬虫卵和病菌。

（5）**喷药** 有的病菌和虫卵在树枝等处寄生越冬，因此在椒树发芽前对树体和椒园周围的其他树木喷1次索利巴尔药液，防止病虫害传播。

（6）**清园** 椒树的一些病菌和虫卵寄生在枯枝落叶上越冬，在冬季翻园前将椒园中的杂物打扫干净并集中烧毁，可消灭越冬病菌和虫卵。

（7）**翻园** 就是耕翻花椒园。利用冬季低温干旱的自然条件，通过翻园将土壤中越冬的害虫翻出冻死或被鸟类取食。翻园深度以20～25厘米为宜，在土壤封冻前进行。

（8）**浇水**　冬季进入“三九”后，给椒树浇足1次封冻水，可增强抗寒力，保护树体安全越冬。

（9）**防寒**　所谓寒害，指冬季低温（严重）致使椒树的枝梢、根部和芽冻伤，甚至全株冻死，特别是新定植的幼苗及老衰树更甚。生产中可采取埋土、培土、覆草、涂白、建造防风林等措施加以预防。如已受冻，则应采取补救措施恢复树势，如受冻枝条皮已干缩不能发芽，应把受冻的枝全部剪除。幼树如果树冠全部或大部分受冻，应将树冠全部锯去，促使下部干上休眠芽发出枝条，将来重新形成树冠。

七、椒粮间作

在幼龄椒园或椒树覆盖率低的椒园，可以在花椒树行间进行间作。花椒园间作能对土壤起到覆盖作用，可防止冲刷，减少杂草危害，增加土壤腐殖质，提高土壤肥力；同时，还可合理利用土地，增产增效，达到“以园养田”“以短养长”的目的。

花椒主干较低，只能在幼龄期或初果期适宜间作，盛果期大树一般不宜间作。优良间作物应具备的条件是生长期短、吸收养分和水分较少、大量需要肥水时期和花椒树不同、不影响花椒树的光照条件、能提高土壤肥力、病虫害较少、间作物本身经济价值较高，通常以豆类、薯类、麦类、瓜类蔬菜为宜。

适于间作的豆类有花生、绿豆、大豆、红豆等，这类作物植株较矮，固氮作用可提高土壤肥力，与椒树争肥的矛盾较小。其中花生植株矮小，需肥水较少，是沙地花椒园的良好间作作物。

薯类主要为甘薯和马铃薯。甘薯初期需肥水较少，对花椒树影响小，薯块形成期需肥水多，对生长过旺的椒树园，种甘薯可使椒树提早停止生长；对大量结果的树，容易影响后期的生长。甘薯生长旺盛时，绿叶将地面完全覆盖，地面向树冠反射光极少，内膛及树冠下部显得光照不足易使果实着色欠佳。

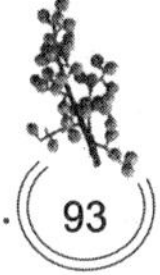

马铃薯根系较浅，生长期短，且播种期早，与椒树争光照的矛盾较小，只要注意加强肥水管理，就可使二者均获丰收，因此是平地肥水条件较好的椒园常用的间作作物。

与花椒间作的还有小麦、大麦等，这类作物植株不太高，主要在春季生长，须根密集，能改善土壤团粒结构。但麦类作物，因根系较深，吸肥力强，早春易与花椒树争夺肥水。因此，间作时要增加肥水，这样可以减少对花椒树的不利影响。

椒树与蔬菜间作，因其耕作精细、肥水充足，对椒树较为有利。但秋季种植需肥水较多或成熟期晚的菜类，则易使花椒树延长生长，对越冬不利，常造成新梢“抽干”或死树，而且容易加重浮尘子对椒树枝条的危害。

间作时作物种植应与花椒树有一定距离，通常以树冠外围为限，否则对花椒树和间作物均有不利影响。幼龄椒树根系不发达，与间作物竞争肥水能力差，因此应距树冠近些；大树根系发达，应距树冠远些。此外，肥水条件较好，花椒树干较高、根系较深、树冠枝条稀疏的，间作作物可距椒树近些。

第六章
花椒病虫鼠害及冻害防治

一、病害及防治

1. 菟 丝 子

（1）危害特点　菟丝子俗称缠丝子、黄缠、蔓藤，属菟丝子科（施花科）菟丝子属，全国各地都有。菟丝子缠绕树干、枝干上，以吸器伸入皮层吸取水分及营养，椒树被菟丝子缠绕后产生缢痕并有小孔，生长不良，树形凌乱，严重时幼树濒死。危害花椒的菟丝子为日本菟丝子，是一种无叶、无根、无叶绿素的能开花结果的草本植物。在自然情况下，菟丝子种子成熟后蒴果开裂落入土中，在土中越冬后翌年夏初萌发生长。幼苗有向光性，在空中来回旋转，当碰到杂草或寄生植物时即缠绕在基茎上，并产生吸器伸入寄主组织，因吸器只能深入幼嫩的皮层，老树皮不能侵入，所以只危害幼苗及幼树。菟丝子的片段只要有腋芽，仍有生长能力，并可重新寄生。

（2）防治方法　①受害严重的椒园，应在冬季深翻，使种子深埋于地下而不能发育，一般 3 厘米以下土层则很难发芽。春末夏初，若发现菟丝子应立即连同寄主受害部位一起铲除，并清除树上或地上的断茎。②加强管理，消除杂草、灌木。发生严重的在树盘喷药，每公顷用 40% 野麦畏乳油 3 千克或 50% 燕麦敌

乳油 2.5 千克，加水 450 升喷雾，喷后耙翻混入 3～5 厘米深的土层内，可杀死刚发芽但还未出土的菟丝子。③用鲁保一号菌剂（一种炭疽菌的生物制剂），浓度为每毫升含孢子 1 000～1 500 个，每 667 米^2 用菌剂 1.5～3 千克，下午 4 时左右向椒树上的菟丝子喷洒。阴天喷洒效果更好，喷药后 10 天左右菟丝子死亡。

2. 锈 病

（1）危害特点 花椒锈病又称花椒鞘锈病、花椒粉锈病，由花椒鞘锈菌侵染所致，是花椒叶部重要病害之一。发病株在采果后不久叶片大量脱落，之后再次萌发新叶。

（2）防治方法 ①发病前，喷施波尔多液（生石灰、硫酸铜、水比例1∶1∶100，或1∶2∶200）或0.1～0.2波美度石硫合剂。②发病树可喷施 15% 三唑酮可湿性粉剂 1 000 倍液，控制夏孢子堆的发生。发病盛期每 2～3 周喷 1 次 1∶2∶200 波尔多液，或 0.1～0.2 波美度石硫合剂，或 15% 三唑酮可湿性粉剂 1 000～1 500 倍液，或 25% 丙环唑乳油 1 000～1 500 倍液，或 12.5% 烯唑醇可湿性粉剂 600～800 倍液。③落叶后将病叶清扫干净，集中烧毁。

3. 落 叶 病

（1）危害特点 花椒落叶病广泛分布于陕西、甘肃各花椒产区。主要危害叶片、叶脉和叶柄，其次是嫩梢，由树冠下部向上发展。叶片发病产生 1 毫米大小的黑色病斑，初期叶背病斑上出现明显的疹状小突起或破裂，即病菌的分生孢子，有时出现乳白色针头状的分生孢子角。后期叶面病斑上发生疹状小点，但当分生孢子盘集生在一起时，叶背则出现大型不规则褐色病斑。老叶病斑周围有时可见紫色晕圈。嫩梢感病后常集生带有分生孢子盘的梭形紫褐色小突起。病菌以菌丝体、分生孢子盘状态在落叶或枝梢的病组织内越冬，翌年雨季到来时产生分生孢子而成为初侵染源。在陕西关中，7 月下旬至 8 月初开始发生病害，一般是位于树冠基部的椒叶出现病斑，然后再逐步向上发展。分生孢子

主要借雨水飞溅传播。8 月下旬至 9 月初为发病高峰，病叶已陆续脱落，严重的树冠中下部叶片全部落光。雨季早、降雨多的年份，发病早而重；土壤瘠薄、管理粗放、树势衰弱，发病较重；树龄越大，发病越重。

（2）**防治方法**　①加强苗木检疫，以防病害传播。②及时烧毁落叶，结合修剪剪去带有病菌的枝条、病叶并焚烧。③ 7 月上旬喷药 1 次，摘椒后再喷药 1～2 次。药剂可用 65% 代森锰锌可湿性粉剂 300～500 倍液，或 1∶1∶200 波尔多液，或 50% 硫菌灵可湿性粉剂 800～1 000 倍液。喷药时使叶片两面受药。

4. 疮痂病

（1）**危害特点**　疮痂病主要发生在陕西关中地区，造成花椒叶片枯黄、大量脱落。该病常伴随花椒落叶病发生，但落叶病晚 1 个月左右。病状与落叶病很相似，均危害叶片、叶柄、叶脉而引起叶片枯黄脱落，其病斑大小与落叶病也相近。其区别在于此病在叶背产生的疹状突起较低，颜色较深，呈黑色；分生孢子盘较大，多连生，而且这些黑色病斑往往沿叶脉集生。一般 8 月底开始发生，由树冠下部逐渐向上发展，11 月份达到高峰，树冠下部叶片全部枯黄脱落。病菌以菌丝状态和分生孢子盘在落叶上越冬，翌年温湿度适宜后产生分子孢子，经雨水飞溅传播，进行多次侵染。病斑一般在大雨后大量出现，雨水较多的年份发病较重。椒树栽植过密、通风透光不良、温度较高有利发病。

（2）**防治方法**　①在秋末冬初，集中烧毁或深埋病残落叶。②加强管理，采收后及时整枝修剪，铲除杂草，并培土施肥，增强椒树长势。③采收后立即喷药防治，可用 65% 代森锰锌可湿性粉剂 300～500 倍液，或 1∶1∶200 波尔多液，或 50% 硫菌灵可湿性粉剂 800～1 000 倍液。还可在早春树叶未展前喷石硫合剂防治。

5. 叶斑病

（1）**危害特点**　花椒叶斑病分布在陕西、河南、四川、广

西、贵州、广东、台湾等地，引起椒树叶片提前脱落。发病初期，被害叶片表面出现数个点状失绿斑，后逐渐变灰色至灰褐色小圆斑。

（2）**防治方法**　早春对椒园深翻，将落叶翻压至土下；夏季加强肥水管理，中耕除草，增强树势；秋季清理园中病叶，集中烧毁或深埋；冬季剪除病、枯枝。发芽时可喷施 1∶1∶150 倍波尔多液，发病期喷 65% 代森锰锌可湿性粉剂 300 倍液，每 7～10 天喷 1 次，连续喷 2～3 次。

6. 炭 疽 病

（1）**危害特点**　花椒炭疽病又叫黑果病，是由胶孢炭疽菌引起的。危害果实、叶片及嫩梢，造成落果、落叶和嫩梢枯死等现象。病菌在病果、病枯梢及病叶中越冬，成为翌年初侵染源。病菌分生孢子借风雨、昆虫等进行传播，在一年中能多次侵染，每年 6 月下旬至 7 月上旬开始发病，8 月份为发病盛期。

（2）**防治方法**　冬前树冠喷洒 1 次 3～5 波美度石硫合剂，或 45% 晶体石硫合剂 100～150 倍液。发芽前喷洒 1 次 50% 百菌清可湿性粉剂 500 倍液，或 5%～10% 轻柴油乳剂，或 45% 噻菌灵可湿性粉剂 800 倍液，铲除树上残存的病原。幼果期重点防治，并加强椒园管理，及时除草松土，防止偏施氮肥，促进健壮生长。雨后及时排水，并注意通风透光。春季嫩叶期、幼果期及秋梢期各喷 1 次 45% 晶体石硫合剂 180～200 倍液，或 80% 福·福锌可湿性粉剂 800 倍液。陕西 6 月中旬可喷 1 次 1∶1∶200 倍波尔多液，8 月份喷 1 次 1∶1∶150 倍波尔多液。

落花后 15～20 天喷洒 1 次 25% 溴菌腈乳油 400～500 倍液，或 50% 硫黄悬乳剂 400 倍液，或 40% 三乙膦酸铝可湿性粉剂 800 倍液，或 30% 甲基硫菌灵悬浮剂 800 倍液。

7. 煤 污 病

（1）**危害特点**　花椒煤污病又叫黑霉病、煤烟病、煤病。主要危害花椒叶片，还可危害嫩梢及果实，发生严重的黑色霉层覆

盖整个叶片，病叶率达90%以上。初期在叶片表面生有一层薄膜状暗色霉斑，以后随着霉斑的扩大、增多，黑色霉层覆盖整个叶面（菌丝和孢子），似烟熏状。末期在霉层上散生黑色小粒点（子囊壳），此时霉层极易剥离（有个别的难以剥离）。由于叶片被黑色霉层覆盖，阻碍光合作用而影响正常的生长发育。一般蚜虫、介壳虫和斑衣蜡蝉发生严重时发病严重，空气潮湿、树冠枝叶茂密、通风不良时有利于病害发生。

（2）防治方法 ①及时防治蚜虫、介壳虫等刺吸式口器的害虫。②发病初期喷施0.2～0.3波美度石硫合剂，或1∶1∶200倍波尔多液，或40%乐果乳油500～1000倍液防治。注意修剪，使树冠通风透光。

8. 溃 疡 病

（1）危害特点 花椒溃疡病主要分布于甘肃陇南地区，危害树冠下部的大枝条或主干，产生较大的溃疡斑。病斑常环绕树干，造成整枝枯死。病斑初呈深褐色至黑色长椭圆形，以后逐渐扩大，纵向长度可达10～35厘米。大型病斑中央颜色逐渐变为灰褐色，病皮干缩，有橘红色颗粒小突起产生，即分生孢子座。病斑边缘处明显凹陷，病健组织交界清楚。当病斑停止扩展后，由于病斑周围组织愈伤作用的加强而在病健交界处出现开裂体。大型溃疡斑往往能环割树干，因而出现枝条枯死现象。该病的病原菌属瘤座孢目镰刀菌属的真菌，每年3月份当气温逐渐回升时开始发病，4～5月份为严重发生期，至6月份，随气温的升高，树皮伤口愈合作用加强，病斑停止发展。病菌以菌丝状态和分生孢子座形式在病斑上越冬。幼小病斑往往在翌年发病季节继续扩大，而病斑上的繁殖体，尤其是已枯死枝条上的病斑产生的无数分生孢子座，会在翌年产生大量分生孢子，成为病害初侵染源。病菌主要通过创伤、修剪等机械伤口及虫伤侵入寄主组织。一般大龄椒树易发生枝干溃疡。

（2）防治方法 ①清除病残体，及时锯掉已枯死的病枝，集

中烧毁。加强管理，科学施肥，合理浇水，及时修剪。②对活树上的病斑于早春或秋末用3波美度石硫合剂涂刷，可起到减少侵染源的作用，对健树涂干可起到保护作用。用1∶1∶100倍波尔多液防治也有良好效果。对各种伤口先用1%硫酸铜溶液进行消毒，再涂843康复剂或石灰水加以保护。

9. 膏 药 病

（1）**危害特点**　该病在树干或枝条上初为灰白色或灰色斑点，扩大后直径达6～10厘米。病斑紧贴树皮表面，日久中央变成褐色，形成椭圆形或不规则形茶褐色至棕灰色厚膜状菌丝层，有时呈天鹅绒状，菌膜边缘色较淡，中部常干缩龟裂，易脱落。整个菌膜像医用膏药，故得此名。病菌以介壳虫的分泌物为养分，病菌孢子还可随虫体的爬行而传播蔓延。通风透光不良、土壤黏重、排水不良的地方易发病。

（2）**防治方法**　防治介壳虫是防治膏药病的有效方法之一，可用40%乐果乳油400～500倍液喷施，或在树干虫体上涂刷黄泥浆。发病初期刮除树上菌膜后涂1～3波美度石硫合剂，或20%石灰乳，或50%代森铵水剂200倍液。

10. 白色腐朽病

（1）**危害特点**　花椒白色腐朽病又叫立木腐朽病、白腐病、朽木病，由稀硬木层乳菌侵染引起。被害椒树木质部呈白色腐朽状，树龄越大越衰老，发病越重，病菌通过砍伤、创伤、剪伤、虫伤、冻伤或断枝等处侵入木质部。侵染初期病部木质部颜色变褐，形状不规整，表面湿润，剥开后为黄白色或灰白色，进而引起腐朽。腐朽病常危害韧皮部，造成韧皮部坏死。后期病部往往产生半球形或马蹄形子实体，遇到大风、大雨时，病树常自腐朽部折断。

病菌潜育期较长，当木质部腐朽达一定程度时，菌丝便通过树节或其他伤口在树干表面产生担子果，在同一株椒树上担子果可产生多次。担孢子数量很大，可随风传播。

（2）防治方法 ①消除病菌侵染源，将有担子果的病株彻底挖除，集中烧毁。②加强管理，修枝整形剪口用皂油或防护药（矿物油 2～3 千克＋松香 3 千克＋硫酸铜 200～300 克＋白土 4 千克）涂伤口，也可用黏土＋石灰＋牛粪＋水涂伤保护。③春季发芽前，喷洒 45% 晶体石硫合剂 80～100 倍液，夏季用 1% 硫酸铜液涂抹树干、枝干，或在秋末落叶后树上喷雾。修剪造成的伤口涂抹 843 康复剂，可起到保护作用，避免病菌侵入。

11. 枝 枯 病

（1）危害特点 枝枯病俗称枯枝病、枯萎病，由拟茎点霉属的一种真菌侵染引起。该病常发生于花椒树大枝基部、小枝分杈处或幼树主干上，引起枝枯，后期干缩。发病初期病斑不明显，随着病情的发展病斑呈灰褐色至黑褐色椭圆形，以后扩大为长条形。病斑环接枝干一周时引起上部枝条枯萎，后期干缩枯死。秋季病斑上着生黑色小突起（病菌的分生孢子器），并突破表皮而外露。病菌以分生孢子器或菌丝体在病组织内越冬，翌年春季产生分生孢子进行初侵染。分生孢子借雨水、风和昆虫传播，随雨水沿枝下流，使枝干被侵染而病斑增多，从而导致干枯。管理不善造成树势衰弱，或枝条失水收缩、冬季低温冻伤、地势低洼、土壤黏重、排水不良、通风透光不好的椒园，均易诱发此病。

（2）防治方法 ①加强椒园管理，增强树势。合理修剪，防止冻害，避免椒树受伤。结合夏季管理，剪除病枝，集中烧毁。②对不能剪除的大枝或主干上部的病斑或初期产生的病斑，可在除病斑后用 1% 硫酸铜溶液，或 1% 乙蒜素溶液涂抹伤口消毒。如发病较重时，早春可喷 1 次 0.8∶0.8∶100 倍波尔多液防治，也可在病斑处涂 10% 碱水或 50% 硫菌灵可湿性粉剂 25 倍液。③初冬进行树干涂白（生石灰 2.5 千克＋食盐 1.25 千克＋硫黄粉 0.75 千克＋水胶 0.1 千克＋水 20 升）。

12. 枯 梢 病

（1）危害特点 花椒枯梢病又叫梢枯病、枝梢枯死病。主

要危害当年小枝梢，初期病斑不明显，病斑上生有许多黑色小点（分生孢子器）、略突出表皮。病菌以分生孢子器或菌丝体在病残组织上越冬，翌年春季病斑上的分生孢子器产生分生孢子，靠风雨和昆虫传播，7～8月份为发病高峰期，在一年当中病菌可多次侵染。雨水较多年份发病重，树势衰弱、排水不良、偏施氮肥等均有利于发病。

（2）防治方法　①加强椒树管理，增施有机肥，及时浇水排水，合理修剪，保证通风透光，增强树势。发现枯梢、病梢及时剪除，集中烧毁。②发病初期，可用70%甲基硫菌灵可湿性粉剂800～1 000倍液，或45%代森铵水剂700倍液，或50%代森锰锌可湿性粉剂600～700倍液喷雾防治，发病盛期喷1～2次。

13. 黑 胫 病

（1）危害特点　花椒黑胫病是由柑橘褐腐疫霉侵染引起的，又叫花椒流胶病。被害椒树病情扩展迅速，常绕茎部形成环状病斑，导致植株死亡。病株根、茎感病后，初期病部出现浅褐色水渍状微凹陷病斑，并有黄褐色胶汁流出，继而缢缩。黑褐色皮层紧贴木质部，有黑褐色胶汁溢出。根基部被病斑环绕一周后，叶片发黄，上部枝干上多处产生纵向裂口，黄褐色胶汁流出干后成胶，植株逐渐枯死。病菌存在于土壤中，是一种靠土壤和水流传播的病害，从根茎部伤口或皮孔入侵。病菌自椒树根、茎入侵而发病，3～11月份均可侵染椒树，5～6月份为发病盛期。一般水浇地或雨水多的地区发病较重。

（2）防治方法　①栽培抗病品种，如红椒等，并用野椒作砧木，采用高位嫁接方法，保存不抗病的大红袍花椒品种。冬季树干涂白，防止冻害、日灼，减少机械伤害。防治窄吉丁、柳干木蠹蛾、天牛类等蛀干性害虫。②刮除病斑后用腐必清80倍液，或用5波美度石硫合剂涂抹伤口，再用蜡涂抹伤口。合理灌溉，防止大水渍及根茎，减少病原传播。③对感病品种，定植前用40%三乙膦酸铝或45%代森锰锌可湿性粉剂20倍液浸根、茎后定植；对已成活的椒树分别于3月初和6月初，用50%琥铜·甲霜灵可湿性粉剂200～300倍药液各灌根1次并培土，保护树体防止侵染。发病初期，喷洒60%百菌通可湿性粉剂500倍液，或32.5%锰锌·烯唑醇可湿性粉剂600倍液。④涂维生素B_6软膏，先把树体上的胶状物刮除再涂，效果可达91.6%。也可涂猪油，猪油含脂肪酸，涂在伤口上有滋润树皮、抑制伤流（流胶）的功能。

14. 黄 叶 病

（1）危害特点 花椒黄叶病又叫黄化病、缺铁失绿病，属生理性病害，主要是土壤中缺少可吸收性铁离子而造成。由于铁元素供给不足，叶绿素形成受到破坏，呼吸酶的活力受到抑制，致使枝叶发育不良，形成黄叶。以盐碱土和石灰质过高的地区发生较普遍，尤以幼苗和幼树受害严重。发病多从花椒新梢上部嫩叶开始，初期叶肉变黄而叶脉仍为绿色，使叶片呈网纹状失绿。发病严重时全叶变为黄白色，病叶边缘变褐而焦枯，病枝细弱，节间缩短，芽不饱满，枝条发软且易弯曲，花芽难以形成。一般花椒抽梢季节发病最重，多在4月份出现症状，严重地区6～7月份即大量落叶，8～9月份枝条中间叶片落光，仅留顶端几片小黄叶，干旱年份或生长旺季发病略有减轻。

（2）防治方法 ①选用抗病品种，或选用抗病砧木嫁接。②改良土壤，间作豆科绿肥，加强盐碱地改良，科学灌水洗碱压碱。③花椒黄叶病发生区，可用30%康地宝土壤调理剂，每株20～30毫升加水稀释浇灌，迅速降碱除盐，调节土壤理化性状，使土壤中的营养物质和铁元素转化为可利用状态。同时，结合施有机肥，每株增施硫酸亚铁或螯合铁1～1.5千克。④花椒萌芽前喷施0.3%硫酸亚铁。生长季节喷施0.1%～0.2%硫酸亚铁溶液，或12%小叶黄叶绝叶面肥400倍液。用强力注射器将0.1%硫酸亚铁溶液或0.08%柠檬酸铁溶液注射到枝条中，防效也较好。

15. 花 叶 病

（1）危害特点　俗称花椒病毒病、红黄斑驳病、黄斑病，由花椒花叶病毒（PMV）引起。该病危害花椒叶片，感病叶片形成褪绿斑，严重时椒树生长衰弱，产量逐年降低，而且易引起其他寄生性病害。叶片病状有花叶型、黄叶型、红叶型和复合型等多种类型。染病后各部分组织中都带有病毒，为系统性侵染，只要寄主组织存活，病毒也一直存活着。病势发展与环境条件有一定关系，因此症状时轻时重，甚至在一株椒树上，不同部位或不同生长阶段的叶片症状轻重也不尽相同，而且有病害交替出现现象。花叶病可通过嫁接传染，砧木或接穗带毒是传播的主要来源，病种子也可传染，还可通过蚜虫、椿象等刺吸口器害虫传播。

（2）防治方法　①及时拔除苗圃中的病苗并集中烧毁。嫁接时应选无病枝条作接穗，或用无病、抗病砧木，以杜绝花叶病的发生；及时刨除危害严重的大树，重栽健壮苗木。②用杀虫剂防治传毒蚜虫和椿象等。发病初期喷洒 20% 吗胍・乙酸铜可湿性粉剂 500 倍液，或 3.95% 病毒必克（有效成分为三氮唑核苷、硫酸铜、硫酸锌）可湿性粉剂 500 倍液，每隔 7～10 天喷 1 次，连喷 3～4 次。

16. 木 螨 病

（1）危害特点　花椒木螨病又称树花，主要由担子菌亚门中的多孔菌、伞菌和少数子囊菌侵染树体，树皮表面形成各种各样形状的子实体。有的子实体很薄，由菌丝体和菌丝体顶端着生孢子组成，紧贴树皮，呈一薄层；有的较厚，突出树皮表面，呈片状、团状或蜂窝状，颜色呈白色、淡黄色或黑色，革质。有些子实体具有芳香气味，常诱害虫加重危害。该病主要危害花椒树根茎部和干部，受害植株生长衰弱，叶片枯黄脱落，影响花椒产量和品质。此病菌以孢子或菌丝体在病株残余组织内或子实体上越冬，发生期多在夏秋多雨季节。病菌孢子借风雨传播，多雨年份发病严重。菌丝体在树皮内扩展延伸，大量繁殖，子实体随之增

生，产生的孢子是侵染的主要病原，易在老树、衰弱树上发生。菌丝分腐生型和寄生型，菌丝腐生于根、茎交界处，表皮覆盖白色或紫色丝绒状的菌丝层，容易剥落；菌丝寄生于枝干木质部中，在树皮表面形成各种形式的子实体。

（2）防治方法 ①加强椒树管理，增强树势，提高树体抗病能力。及时截除枯枝、病枝，截除部位要低，截除后用高培土法将残桩埋入土内，防止茎基和根际因伤口而形成腐烂。若有伤口要及时涂药保护。②患病树应及时摘除子实体，用50%多菌灵可湿性粉剂600倍液，或5波美度石硫合剂溶液在病灶区域喷雾。也可用石灰水、波尔多液涂刷。

17. 花椒木耳

（1）危害特点 椒树木耳又叫黑木耳、云耳，由木耳菌在椒树枝干上腐生而形成，属担子菌亚门木耳目木耳科木耳属。花椒产区均有发生，是花椒产区衰老椒树基部常发生的一种菌类，尤其雨量较多的年份发生严重。大多是腐生，多发生于根茎交界处的树桩上，枝干上也常有发生，但木耳小而少。空气中的担孢子落到腐烂发朽的树皮上，在潮湿和多雨的条件下担孢子萌发，向树皮内部长出菌丝，菌丝形成菌丝层，随后树皮表面生出灰色或褐色的粒状子实体，子实体长大后如人耳状，为褐色或黑色，富有弹性，故称木耳。木耳内含胶性物质，失水干燥后皱缩成为角质。子实体可一次生长，也可多次生长，干燥时皱缩停止生长，遇水后又可膨大继续生长。湿润时半透明，可食用或药用。

木耳担孢子在子实体上越冬，也可在枯枝上越冬，翌年担孢子可随风或气流传播，落入伤口即可萌发，衰老树皮腐烂裸露的部位发生较多，雨水较多年份，尤其秋雨多时发病率高。一般侵害皮层和木质部，患病处先发生黑色小粒点，长大后成为木耳。该病可加剧树体腐烂发朽程度，导致树体衰老和死亡。

（2）防治方法 ①加强管理，科学施肥，合理灌溉，增强树势，保护树皮完好，避免造成伤口。②花椒衰老树更新时，去枝

部位要低、不留残桩。掉皮的部分，用保护剂加以护理或用土封住。③局部朽木上生出木耳后及时摘除，避免蔓延；同时，用波尔多液在腐烂处涂白杀菌。

18. 流 胶 病

（1）危害特点　花椒流胶病又叫干腐病，是伴随吉丁虫而发生的一种严重枝干病。花椒树在春、夏、秋 3 季均会流出似胶状物，俗称流胶。主要危害花椒枝干，导致树皮开裂，树干逐渐干枯，叶片黄化，一般发病率 20% 以上，最高达 100%。该病能迅速引起树干茎部韧皮部坏死腐烂，导致叶片黄化乃至整个枝条或树冠枯死。该病主要发生在树干基部，严重时树冠上部枝条也发病。发病初期病部呈湿腐状，皮稍有凹陷，并伴有流胶。病斑黑色长椭圆形，剥开树皮常见白色菌丝布于病变组织之中。后期病斑干缩、龟裂，并出现许多枯红色小点（分生孢子座），老病斑上还产生许多蓝色球形颗粒，即病菌的子囊壳。大病斑可达 5～8 厘米，造成大面积的树皮腐烂，枝条叶片黄化，当病斑环绕一周时，枝条即枯死。

该病以菌丝体及繁殖体状态在病变组织内越冬，5 月初当气温升高时老病斑恢复扩开，6～7 月份产生分生孢子，主要借雨水传播，通过伤口入侵。自然条件下，被吉丁虫危害的椒树大都具有干腐病发生。病害发展可持续到 10 月份，当气温下降时停止发展。花椒树流胶主要是由于枝干皮层受虫害、灼伤所致，气温越高，流胶就越重，人为造成的大伤口则流胶更严重。

（2）防止方法　①对窄吉丁、柳干木蠹蛾、天牛类等蛀干性害虫加强防治，是防止流胶的根本途径之一。②减少人为因素对椒树的损伤，如采摘花椒时不能损伤树皮，更忌连枝采下；管理花椒和农作物时，注意不要损伤树皮。③涂维生素 B_6 软膏，涂前先把树体上的胶状物刮除，防效可达 91.6%。④涂熟猪油。猪油含有脂肪酸，涂在伤口上有滋润树皮、控制流胶的功能，效果可达 100%。⑤加强椒园管理，增强树体抗性。增施有机肥，改

善土壤状况。冬春季节树干涂白，防止冻害、日灼，减少机械损伤。刮除病斑，然后用腐必清80倍液，或5波美度石硫合剂涂抹，再用蜡涂伤口。⑥在花椒吉丁虫发生期，用40%乐果乳油，兑柴油喷洒树干，间隔数日再喷1次50%甲基硫菌灵可湿粉剂500倍液，效果最好。对发病较轻的干上病斑可进行刮除，可用小刀纵横划线、深入木质部，再用1∶1∶150～200倍波尔多液，或50%硫菌灵可湿性粉剂500倍液涂抹。⑦每年4～5月份及采椒后用80%乙蒜素乳油1000倍液喷施树干2～3次。

二、虫害及防治

1. 金龟子

（1）危害特点 金龟子体长椭圆形，头部较小，有1对鳃叶状的触角。蛴螬为金龟子幼虫，又称白蚕、白土虫、大头虫，体形接近圆筒状、白色，表面有许多皱纹，常弯曲成马蹄形。蛴螬一生经历卵、幼虫、蛹和成虫4个阶段，前3个虫态在土内度过，只有成虫才出土活动。幼虫在土中危害根系，造成缺株断垄；成虫危害树叶，发生严重时可将椒叶吃光。

（2）防治方法 ①播种、扦插及移栽前精细整地，捡出幼虫和成虫，并注意清理杂草、落叶。秋冬耕耙把害虫翻出地面，增加其致死机会。②合理施肥，施用充分腐熟的有机肥。③适时浇水，特别是11月份前后冬灌和生长期浇灌大水，均可减轻危害。④苗木生长期或移植后可用90%晶体敌百虫1000倍液灌根。⑤成虫发生高峰期用黑光灯诱杀，或用糖醋液（红糖6份、醋2份、酒1份、敌百虫3份、水10份配制）诱杀，傍晚投放早晨取回；圃地种植蓖麻，部分金龟子嗜食中毒麻痹，击倒后即时收集消灭。麻叶0.5千克切碎加水5升浸泡2小时，过滤喷雾，3天内有效；干谷、麦麸或绿肥50千克炒香，拌入或喷洒敌百虫0.5千克，放于土内，可毒杀金龟子、蝼蛄、蟋蟀等；在温暖无

风天的下午喷40%乐果乳油1000～1200倍液。⑥利用金龟子假死性振落扑杀。⑦播种前整地时每667米^{2}用75%辛硫磷乳油250克加细土30千克拌匀，随撒施随翻入土内。每667米^{2}用发酵油脚7.5千克，加水20升拌匀喷于苗床，后用清水喷洗苗叶，10分钟后蛴螬、地老虎出土，半小时后死亡。金龟子腐尸有忌避作用，将其尸体粉碎装袋，发臭后浸泡去渣，稀释150倍喷于树上，有良好防治效果。

2. 铜绿丽金龟

（1）危害特点　铜绿丽金龟又叫铜绿金龟子，为杂食性害虫。幼虫在土中危害苗木根系，造成缺苗断垄；成虫危害树叶，严重时将椒叶吃光。成虫体长15～21毫米，背面大部分为铜绿色，有光泽。幼虫体长30～33毫米，头部前顶毛每侧8根，后顶毛10～14根。1年发生1代，以三龄幼虫在土中越冬，翌年4月份越冬幼虫上迁危害，5月份化蛹，6月上旬成虫羽化。成虫白天潜伏于灌木丛、草皮外表土内，黄昏时飞出交尾取食，夜间9～10时为活动高峰，尤以闷热无雨的夜晚活动最盛。成虫群集危害，具假死性和强烈的趋光性。

（2）防治方法　①每667米^{2}用5%辛硫磷颗粒剂2千克，或辛硫磷炉渣颗粒剂（即75%辛硫磷25克，加水5升、炉渣25千克）25千克，进行土壤处理，然后育苗。②越冬成虫出土高峰期，用50%辛硫磷乳油1000倍液，或80%敌敌畏乳油1500倍液喷洒。③黑光灯诱杀成虫，每晚8～11时开灯，成虫盛期可适当延长。④成虫盛发期利用雌成虫放出的性激素引诱雄成虫，方法是收集雌成虫，放入盆内或笼内，引诱雄成虫前来交尾，集中捕杀。

3. 铜色花椒跳甲

（1）危害特点　铜色花椒跳甲又称铜色潜跳甲，俗名折花虫、土跳蚤、椒狗子等，是国内花椒新害虫。该虫以幼虫蛀食花梗和复叶总叶柄的髓心，使花序嫩茎和复叶萎蔫枯焦变黑，酷似霜害。也可蛀入花椒果实内取食种子，使果实提早脱落。发生区花椒树枯叶率为25%～70.9%，甚至高达90%以上；花序萎蔫率34.6%～75.5%，严重时达100%。成虫只取食叶片，造成一定危害。

成虫体卵圆形、古铜色有紫光，体长3～3.5毫米。幼虫细长略扁，体长6～6.5毫米，初孵幼虫淡白色，化蛹前黄白色。该虫1年发生1代，幼虫4个龄期，以卵越冬，翌年4月上旬卵粒孵化，4月中下旬越冬成虫产的卵孵化成虫。幼虫个体危害10～20天，群体危害25～30天。成虫在花椒树冠下及其附近5厘米深的土中越冬，翌年4月份花椒发芽时开始出蛰活动，越冬成虫寿命约30天。成虫善跳跃，有假死性。雌成虫产卵于花序梗、叶柄基部，4月下旬至5月上旬为产卵盛期，卵经6～7天孵化后小幼虫开始蛀入叶柄部取食髓心，5月上中旬为危害盛期。幼虫蛀入后，钻入孔常有黄色胶状物流出，取食后的髓部被食尽时幼虫即迁移危害。经15天后幼虫老熟落地入土化蛹，10天左右新一代成虫羽化出土，7月上中旬为成虫出土高峰期，出土后的成虫多在花椒树中下部枝条的叶片背面啮食补充营养，8月份后入土蛰伏，准备过冬。

（2）防治方法 ①椒树萌芽前在树干周围1米范围内培土30厘米厚，并踩实或覆盖农膜。②4～5月份剪除萎蔫的花序和复叶，深埋或烧掉。6月下旬结合中耕除草清除树冠下的杂物，翻土破坏化蛹场所。秋末再次中耕，毁坏其越冬场所，并消灭越冬成虫。③4月中旬用2.5%溴氰菊酯乳油1000倍液，或40%乐果乳油1000～1500倍液喷雾，4月下旬再喷1次，可有效地杀死蛀入叶柄、花序梗髓心的幼虫及出蛰后的成虫。

4. 花椒跳甲

（1）危害特点 花椒跳甲又叫花椒桔潜叶甲、花椒啮跳甲，俗称红猴子、小红牛，是专食性害虫。受害株率在60%以上，单株虫数可达千头以上。以幼虫潜入叶内，取食叶肉组织，使被

害叶片出现块状透明斑，受害叶片发黄枯焦时迁移到健康叶片上继续取食，1片叶有虫达3头以上。一般在6月下旬之后受害树的叶片即被食尽，全树焦枯，似火烧状，使当年果实难以成熟。花椒跳甲在华北地区1年发生2代，以成虫在土中越冬，翌年4月上旬花椒发芽时开始出土活动取食椒叶，5月下旬至6月下旬产卵，卵经4～7天后孵化，幼虫蛀入叶内取食14～19天后于6月下旬落地入土化蛹。

成虫善跳，飞行迅速，白天取食椒叶，夜间多隐匿。幼虫孵出后先群集在1片叶上危害，2～3天后分散危害。幼虫粪便黑褐色，从蛀食孔排出叶外。四龄幼虫，体色由白转黄后钻出潜道入土结茧化蛹。

（2）防治方法　①越冬成虫出土后、未产卵前及卵孵化期为防治适期，4月上中旬在越冬成虫出土期，每公顷用2%辛硫磷粉剂3.75千克喷撒地面，或用20%氰戊菊酯乳油1500～2000倍液地面喷雾1～2次，可杀死大量越冬害虫。②花椒展叶期或5月下旬，用40%乐果乳油800～1000倍液，或80%敌敌畏乳油800倍液，或2.5%溴氰菊酯乳油2000倍液，喷洒树冠2～3次。③8月下旬气候渐凉，成虫多在嫩梢处危害，很不活跃，人工捕捉效果良好。④冬前清除杂草枯叶，换土施肥、浇水，破坏成虫越冬场所，使部分成虫暴露土面，冷冻致死。封冻前刨树坪，也可消灭部分入土越冬害虫。

5. 红胫花椒跳甲

（1）危害特点　红胫花椒跳甲俗称土跳蚤、折花虫、折叶虫、霜杀等，是近年发现危害花椒的新害虫。幼虫蛀食花椒花序梗和复叶柄，造成花序和复叶萎蔫变褐下垂，继而黑枯。成虫只食叶片，造成缺刻或孔洞。

成虫阔卵形、长3毫米左右，背面翠绿色。幼虫老熟后长约6毫米，体细长稍扁，老熟时黄白色。田间一般4月下旬初见卵，4月底至5月初为盛期。卵经6～7天孵化为幼虫，4月底至5

月初幼虫开始危害，5月上中旬为危害盛期，5月中旬末至6月下旬化蛹。6月中下旬新一代成虫出现，7月上旬为成虫盛期，8月上中期陆续蛰伏。成虫善跳，昼夜都在叶背活动，受惊跳离叶背假死。成虫食嫩叶或梗，一般从叶缘食成缺刻，也有从叶片中间食成一个个孔洞。雌成虫将卵散产于花序梗（少数前期花芽萌动时产于花芽内）、复叶柄基部。幼虫孵化后直接钻入花梗或叶柄内食害，只留表皮，使之萎蔫变褐下垂，继而变黑焦枯，故有折花虫、折叶虫和霜杀之称。幼虫蛀入口往往有黄白色胶状物流出，呈半圆球状，髓内也有胶状物充塞。

（2）防治方法 ①4月中旬花椒萌芽期，越冬成虫出蛰上树活动时，喷洒40%乐果乳油1 000～1 500倍液，花椒芽长至1.5厘米时再喷1次。也可用20%辛硫磷粉剂进行土壤处理，杀死越冬成虫。②4月底至5月中旬，剪除枯萎的花序及复叶，并及时烧毁或深埋。6月上中旬耕地灭蛹。花椒收获后清除树冠下枯枝落叶和杂草，并将翘皮、粗皮用刀刮净，消灭越冬成虫。③5月中旬喷1次10%吡虫啉可湿性粉剂1 500倍液杀死第二代幼虫，8月上旬再喷1次杀死二代成虫。

6. 大 袋 蛾

（1）危害特点 大袋蛾又叫大衰蛾、大窠衰蛾。在华北地区1年发生1代，广东等地1年发生2代，老熟幼虫在丝袋内越冬，翌年5月初开始化蛹，5月下旬羽化为成虫，6月中旬进入幼虫孵化期。幼虫孵化后爬出衰囊，吐丝下垂，随风飘动，接触枝叶后寻找适当位置吐丝缠自身并咬取枝叶碎片，粘于丝上围绕1个圆圈造袋。一至三龄幼虫取食叶片表皮及叶肉，使叶片破裂呈孔筒。四至五龄幼虫食量最大，四龄幼虫分散危害，背负袋囊转移到树冠外围的叶背危害。老熟幼虫将袋固定在小枝上，袋口用丝封紧，在其中越冬。大袋蛾以幼虫危害椒叶，严重时将叶片食光，剥食枝干皮层，影响树木生长，甚至枯死。幼虫一直危害至10月下旬，并以老熟幼虫越冬。

（2）防治方法 ①人工摘袋或剪除有袋枝梢，消灭幼虫及蛹。②调运苗木时仔细检查，剔除虫袋，使幼虫不传入新的椒园。③ 7～8 月份喷雾防治初孵小幼虫，可用 90% 晶体敌百虫 800 倍液，或 50% 杀螟硫磷乳油 1 000 倍液，或 80% 敌敌畏乳油 1 500 倍液，或 20% 氰戊菊酯乳油 3 000 倍液，均匀喷洒树冠。④根部注药法：一是根颈打孔注药法，将根颈部土层翻开，在主、侧根基部与干基倾斜 40°左右处打深 3～5 厘米的孔，5 年生以上树打 4～6 个孔，5 年生以下树打 2～3 个孔，然后注入药液（药剂可用 50% 杀螟硫磷乳油 10～20 倍液，或 50% 辛硫磷乳油 10～20 倍液），孔口用纸片盖住，上面封土即可。二是断根注药法，即在距树干 0.5～1 米处挖坑，找到侧根后将其下部截断，插入装好药液的小玻璃瓶或不漏水的塑料袋，上面封土踏实。

7. 樗 蚕

（1）危害特点 樗蚕又叫乌桕樗蚕蛾、柏蚕、椿蚕。幼虫危害芽叶，轻者造成缺刻或孔洞，重者则把全树叶片吃光。该虫食量大，3～5 年生花椒树上如有虫 7～10 头，便可将全部叶片食光，大发生时每复叶上常有小幼虫 6～8 头。成虫长 20～30 毫米，头部及身体其他部位的背面有白线及白点。幼虫淡黄色，有黑斑点或全体有白粉。蛹棕褐色，包裹蛹的茧灰白色，两端尖，表面常有半面粘有椒叶。该虫北方地区 1 年发生 1～2 代，南方地区 1 年发生 2～3 代，以蛹越冬。成虫 5 月上中旬羽状，第一代幼虫 5 月中下旬孵出，第二代幼虫危害至 10 月份后陆续化蛹越冬。成虫只能存活 5～10 天，飞翔力强，有趋光性。幼虫孵出后先聚集在一起取食叶片，以后再分散取食。幼虫天敌有多种，以樗蚕绒茧蜂的寄生率最高。

（2）防治方法 ①人工捕捉幼虫或采茧，摘下的茧可用于巢丝和榨油。注意保护天敌。②卵孵化前后和幼虫期，用 90% 晶体敌百虫 200 倍液，或 50% 辛硫磷乳油或 80% 敌敌畏乳油 1 000

倍液，或5%氯氰菊酯乳油2000倍液，或2.5%溴氰菊酯乳油2500倍液，或20%甲氰·辛硫磷乳油2000倍液，或20%氰戊菊酯乳油3000倍液喷洒。③成虫羽化期用黑光灯或堆火诱杀。

8. 木橑尺蛾

（1）危害特点 木橑尺蛾又叫木橑尺蠖、洋槐尺蠖、核桃尺蠖，俗称弓腰虫、吊丝虫、木橑步曲，以幼虫取食叶片和嫩梢。1年发生1代，以蛹在树冠下土中、堰根和石块下越冬，翌年6月初至8月下旬陆续羽化。成虫出土后多在夜间活动，有趋光性，白天静止在树上或梯田壁上。初孵幼虫活泼，喜在叶尖危害，受惊后迅速吐丝下坠；喜光，常在树冠外围枝条上取食。三龄前只取食叶肉，使叶面出现半透明网状斑块。发育30～45天的老熟幼虫于8月份开始坠地，多在土壤松软湿润处入土化蛹，入土深5～10厘米。

（2）防治方法 ①结合冬春季中耕，人工挖蛹，降低虫口基数。②于成虫早晨不喜欢活动时捕杀。成虫羽化初期、盛期，晚上堆火或设黑火灯诱杀。③四龄前幼虫可喷施75%辛硫磷乳油2000倍液，或80%敌敌畏乳油1500倍液，或2.5%溴氰菊酯乳油2500～3000倍液防治。④在树主干基部和周围地面喷洒农药，或放置毒土，毒杀成虫和幼虫。成虫出土期和卵孵化期，每隔7～10天喷施1次50%辛硫磷乳油500倍液。⑤根据雌成虫无翅、爬行上树的特点，于其羽化出土前在树干基部距地面10厘米处，绑1条15厘米宽的塑料薄膜带，使其与树皮严密紧贴。绑束时可先用湿土将树皮缝隙填平，薄膜带的下端埋入土中，并堆成小土堆，拍实。因薄膜表面光滑，使雌成虫不能通过而滑落，然后集中捕杀。

9. 花椒凤蝶

（1）危害特点 花椒凤蝶又名柑橘凤蝶、黄波罗凤蝶。以幼虫蚕食叶片和芽，造成缺刻或孔洞，食量大，苗木和幼树的叶片常被掠食殆尽，仅留叶柄，对结果树生长极为不利。该虫在西

北地区 1 年发生 2～3 代，以蛹附着在枝干及其他比较隐蔽的场所越冬，有世代重叠现象，4～10 月份可看到成虫、卵、幼虫和蛹。成虫白天活动，飞行力强，吸食花蜜。幼虫孵出后先吃去卵壳，再取食嫩叶，三龄后嫩叶被吃光，老叶仅留主脉。幼虫受惊后从前胸背面伸出臭腺角，分泌臭液，放出臭气驱敌；老熟幼虫在叶背、枝干等隐蔽处先吐丝固定尾部，再吐细丝将身体挂在树干上化蛹。天敌有多种寄生蜂，可寄生在幼虫、蛹体上，对控制其发生有一定作用。

（2）防治方法　①秋末冬初人工清除越冬蛹，5～10 月份人工摘除幼虫和蛹。②幼虫发生时，喷洒 80% 敌敌畏乳油 1 500 倍液，或 90% 晶体敌百虫 1 000 倍液，或 20% 氰戊菊酯乳油 3 000 倍液，或青虫菌（100 亿个孢子 / 克）400 倍液防治。

10. 刺　蛾

（1）危害特点　危害花椒的主要是黄刺蛾，以幼虫咬食叶片。黄刺蛾又名刺毛虫、毛八角、八角丁、洋辣子、刺角等，幼虫常把叶片吃成很多孔洞、缺刻，是特种经济林的重要害虫。黄刺蛾在华北 1 年发生 1 代，以老熟幼虫在树枝上的茧中越冬，翌年 5～6 月份化蛹，6 月份成虫出现。成虫寿命 4～7 天，白天伏于叶片背面，夜间活动，有趋光性，卵散产或数粒一起分布于叶片接近顶端处。幼虫多在白天孵出，小幼虫先取食卵壳，再取食叶片，留下叶片上表皮呈圆形透明斑，1 天后小斑即连接成块。四龄幼虫将叶片吃成孔洞，五龄后可将整片叶吃光。7 月份老熟幼虫叶丝营造茧。茧多位于树枝的分叉处，羽化时成虫破茧壳端的小圆盖而出。新一代幼虫 8 月下旬以后大量出现，秋后在树上结茧越冬。

（2）防治方法　①秋末冬初及时清除越冬蛹。5～10 月份捕捉幼虫或蛹。②幼虫发生时，可喷 80% 敌敌畏乳油 1 000 倍液，或 90% 晶体敌百虫 800～1 000 倍液，或青虫菌（100 亿个孢子 / 克）1 000～2 000 倍液。

11. 黑　蚱

（1）危害特点　黑蚱又叫蚱蝉、知了、齐女，属同翅目蝉科。此虫经12～13年完成1代，以卵于树枝内、若虫于土中越冬，越冬卵于翌年春天孵化，卵历期半年以上。若虫孵出后潜入土中，吸食树木根部汁液，秋凉后钻入深土中越冬，春暖后又向上迁移至树根附近活动，在土中生活12～13年，老熟后6～8月份从土中爬出，并爬行上树，然后蜕皮羽化为成虫。

成虫羽化后栖息于树木枝干上，夜间有趋扑火光的习性。雄虫自黎明前开始至傍晚后，甚至月光明亮的夜间，不停地鸣叫，气温愈高，蚱声愈响。雌虫于7～8月份产卵于林木或果树4～7毫米粗的枝梢木质部内，卵期10个月，翌年6月份若虫孵化后即落地入土。此虫对树木的危害，主要在产卵期，被产卵的枝条干枯而死。果树受害后，造成落果、枯果和枝梢枯萎。

（2）防治方法　①傍晚前后人工振摇赶飞或捕捉，从立秋开始持续1个月左右。②冬季或早春在其卵孵化前，剪除产卵枝梢烧毁。利用成虫趋扑火光的习性，可于6～7月份夜间举火诱捕，或在羽化期夜间9～11时，在树干和杂草上捕捉出土羽化的成虫，食用或处死。土壤封冻前深翻深耕，人为改变生态环境，抑制其发展。老熟若虫出土羽化前、初孵若虫入土初期，即6月下旬，结合林地浇水，每667米^{2}用氨水25千克随水浇灌。③苗圃成虫羽化前、7月下旬至8月下旬，每10天喷1次40%乐果乳油1 000倍液，或2.5%溴氰菊酯乳油250倍液；也可在树干基部附近地面，撒施10%辛硫磷粉粒剂进行土壤处理，毒杀越冬若虫。④利用若虫抗药性较差的特点，于6月上旬左右开始进行土壤消毒，每15天1次，可用50%辛硫磷乳油300～400倍液灌根。

12. 红 蜘 蛛

（1）危害特点　红蜘蛛又叫山楂叶螨、火龙、叶螨。以若螨、成虫螨危害芽、叶、果，常群集叶背拉丝结网，在网下刺吸叶片汁液，被害叶片出现失绿斑点，后变成黄褐色或红褐色，枯

焦及脱落。1 年发生 6～9 代，以受精雌成虫在枝干树皮裂缝、粗皮干及靠近干基部土块缝里越冬。越冬成虫在花椒发芽时开始活动，并危害幼芽。第一代幼虫在花序伸长期开始出现，盛花期危害最盛。雌雄交尾后产卵于叶背主脉两侧，也可孤雌生殖。高温干旱有利于发生。

（2）防治方法　①芽体膨大时，向树体和树干基部周围土壤喷索利巴尔 50～80 倍液，或 3～5 波美度石硫合剂，把越冬成虫消灭在产卵之前。春季刮除老翘树皮。②生长季节虫口密度较大时，向树体喷 40% 乐果乳油 1 500～2 000 倍液，或 73% 炔螨特乳油 3 000 倍液，或 5% 噻螨酮乳油 1 500 倍液。落花后若螨发生期喷 20% 四螨嗪悬浮剂或 15% 哒螨灵乳油 2 000 倍液，或 1.8% 阿维菌素乳油 4 000 倍液。

13. 花椒蚜虫

（1）危害特点　蚜虫又名棉蚜，俗称蜜虫、腻虫、油虫、旱虫，我国花椒产区均有发生，海拔较低处干旱年份发生较重。花椒蚜虫以刺吸口器吸食叶片、花、幼果及幼嫩枝条梢的汁液，被害叶片向背面卷缩、畸形生长，并加重落花落果。同时，蚜虫排泄蜜露，使叶片表面油光发亮，影响正常代谢和光合作用，并诱发病害。

蚜虫生活史较复杂，华北地区 1 年可繁殖 20～30 代，以卵在花椒等寄主上越冬，翌年 3～4 月份花椒芽开始萌发后，越冬卵开始孵化。孵化后的若蚜叫干母，干母一般在花椒上繁殖 2～3 代后产生有翅胎生蚜，有翅蚜 4～5 月份飞往棉田或其他寄主上产生后代并危害，滞留在花椒上的蚜虫至 6 月上旬后即全部迁飞。8 月份已有部分有翅蚜从棉田或其他寄主上迁飞至花椒上第二次取食危害，这一时期恰是花椒新梢的再度生长期。一般 10 月中下旬迁移便产生性母蚜，性母蚜胎生雌蚜，雌蚜与迁飞来的雄蚜交配后在枝条皮缝、芽腋、小枝丫处或皮刺基部产卵越冬。花椒芽虫繁殖力很强，翌年春和晚秋气温较低时，10 多天发生 1

代，天气较暖和时4～5天发生1代。

（2）防治方法 ①秋末及时清理椒园，拔除杂草，减少越冬场所。枝条上越冬产卵时，及时剪除烧毁。秋季落叶后或春季发芽前全树喷施3～5波美度石硫合剂或菊酯类农药1000倍液防治越冬虫卵。②4月份蚜虫发生初期和花椒采后，用25%抗蚜威乳油1500～2000倍液，或20%丁硫克百威乳油1000～1500倍液喷施。③4月下旬至5月上旬用40%乐果乳油10倍液，涂在主干上部、第一主枝下，涂10～20厘米宽的药带。若树皮粗糙，可先刮去老皮和皮刺，涂药后钉一张旧报纸，外用塑料薄膜包装。④利用瓢虫、草青蛉等天敌治蚜。⑤在山上堆石头堆或在田间安装人工招瓢虫越冬箱，内放天敌瓢虫的尸体，可招引瓢虫群聚，捕食蚜虫。在椒树上喷洒蜜露或蔗糖液，亦可诱引十三星瓢虫捕食蚜虫。

14. 小吉丁虫

（1）危害特点 小吉丁虫又名窄吉丁虫，是危害花椒的毁灭性害虫。主要以幼虫取食韧皮部，并逐渐蛀食形成层，老熟后向木质部蛀化蛹坑道，随虫龄的增大，可逐步潜入木质层内危害。由于虫道迂回曲折盘旋，又充满虫粪，致使初害的皮层和木质部分离，引起皮层干枯剥离，严重损伤了干部的运输构造，最终使花椒树长势衰退，叶片调零，果实品质下降，枝及植株枯死。一般3年生椒树即开始受害，树龄越大受害越重，15年生树虫害率达90%以上；20年生以上树虫害率达100%。

每年发生1代，以幼虫在木质部或树皮下完成二次越冬后，4月上旬开始化蛹，5月中旬开始羽化，5月下旬开始产卵，6月上旬开始孵化幼虫，幼虫孵化后随即蛀入树皮底危害。8月份后大部幼虫相继老熟蛀入木质部作蛹室越冬。初孵幼虫常群集于树干表皮的凹陷或皮缝内，经5～7天分散蛀入皮层，每隔1～3厘米开1个月牙形通气孔，通气孔流出褐色胶液，20天左右形成胶疤。成虫有假死性和趋光性，喜热，飞行迅速。

（2）防治方法　①5月上旬成虫羽化前，砍伐和剪除濒于死亡的椒树及干枯枝集中烧毁，减少虫源。②4月下旬至5月上旬，越冬幼虫活动流胶期和6月上旬初孵幼虫钻蛀流胶期，用钉锤、小斧头或石块等捶击流胶部位，砸死幼虫。花椒萌芽期或果实采收后，用40%乐果乳油与柴油（或煤油）按1∶50混合，在树干基部30～50厘米高处涂1条宽3～5厘米的药环，杀死侵入树干内的幼虫。侵入皮层的幼虫较少时，可在采果后用刀刮去胶疤及一层薄皮，再用上述药剂按1∶150的用量涂抹。发生量大时，按1∶100的用量涂抹。也可用80%敌敌畏乳油1500～2000倍液，或90%晶体敌百虫1000～1500倍液，或2.5%溴氰菊酯乳油2000倍液喷杀成虫。③对干枯、龟裂、腐烂，或面积较大的胶疤，用刀将流胶部位胶体连同烂皮一同刮掉，刮至好皮处，然后涂抹40%乐果乳油30～50倍液。④5月中旬至6月上旬向树冠喷40%乐果乳油800～1000倍液，每周1次，连喷2～3次，毒杀成虫。6月份虫孵化盛期，用40%乐果乳油50～100倍液喷树干，每7～10天1次，连喷2～3次，毒杀初孵幼虫。

15. 花椒天牛

（1）危害特点　花椒天牛又叫花椒虎天牛，俗称钻木虫。成虫取食花椒树叶和嫩梢，幼虫从树干的下部以45°角倾斜向上钻蛀进入木质部向树干上部取食。由于中龄椒树的干径较小，受害后大部分输导组织被毁坏，引起树木枯萎。

该虫2年发生1代，多数3年1代。以幼虫、蛹越冬，也有少数以卵越冬，全年均可看到幼虫和蛹。越冬蛹于5月下旬羽化为成虫，成虫取食虫道中的木屑补充营养，6月下旬因椒树枯死成虫从被害树干虫道中爬出，随即飞往健树上咬食椒树叶片。成虫晴天活动，降雨前闷热天气最活跃。7月中旬雌成虫将卵产于离地面1米高处树皮裂缝深处，8月上旬至10月中旬卵孵化为幼虫，初龄幼虫蛀入树干皮部越冬，翌年3月份越冬幼虫继续蛀食危害，4月份从蛀孔处流出黄褐色黏胶液，形成胶疤。5月份幼虫蛀食木质部，形成不规则孔道，并由透气孔向外排出木屑状粪便，6月份引起椒树枯萎，到第三年6月份幼虫老熟，开始陆续化蛹。

（2）防治方法 ①4月中下旬，幼虫一至三龄时，集中在韧皮部取食，被害处流出黄褐色液体时用小刀挑刺，或在5月中下旬用钢丝钩杀木质部内幼虫。②7月上旬至8月中旬，在晴天下午捕杀补充营养或交配产卵的成虫。③结合修剪剪除有幼虫危害的枯萎枝。用40%乐果乳油500倍液，或80%敌敌畏乳油500倍液注入蛀孔。也可用棉球蘸80%敌敌畏乳油30倍液塞入洞内，再用湿泥封闭，熏杀幼虫。成虫发生期，用80%敌敌畏乳油800～1000倍液，或2.5%溴氰菊酯乳油2000倍液喷雾毒杀。

三、冻害、鼠害及防治

1. 花椒冻害

（1）危害特点 花椒冻害多发生在我国北方寒冷地区。花椒树耐寒性较差，幼树在年绝对最低气温－18℃以下地区，大树在绝对最低气温－25℃以下地区，冬季往往遭受冻害。有时春季也发生冻害，主要是霜冻和“倒春寒”造成的。地势环境也是影响冻害的主要原因，海拔愈高冻害愈重。树龄与冻害关系也较密切，枝条冻害幼树较盛果期树重，树龄愈大树干冻害越严重。冻害影响花椒树的正常生长和产量，甚至造成花椒树死亡。

树干、枝条和花芽均可受冻害。树干冻害危害最严重，主要受害部位是距地表50厘米以下的主干或主枝，受害后树皮纵裂翘起向外卷，被害树皮常剥落。枝干冻害主要发生在冬季温度变化剧烈，绝对温度过低且持续时间较长的年份，轻者还能愈合，重者整株死亡。枝条冻害比较普遍，除随树干冻害发生外，多发生在秋季少雨、冬季少雪、气候干旱的年份，严重时1～2年生枝条大量枯死，造成多年欠收。幼树由于生长停止晚，枝条常不

能很好成熟，尤其先端成熟不良的部分更易受冻。花芽较叶芽抗寒力低，冻害发生的范围较广，受冻的年份也频繁。但由于花芽数量多，轻微的冻害对产量影响不大。花芽冻害主要是花器官冻害，多发生在春季回暖早，而且又复寒的年份，一般3月中下旬气温迅速回升花芽萌发，4月中旬至5月上旬气温急骤下降，造成花器受冻。受害枝干产生不规则裂纹、伤口，而后呈黑褐色并易感染其他腐生菌，被害树皮常易剥落。

（2）防冻措施

①加强树体管理　加强管理，增施肥料，适时浇水，合理修剪，及时防治病虫害，促进树体健壮，增强耐寒能力。冬季下雪后应及时振落椒树上的积雪，减轻冻害。肥水管理上做到前促后控，对旺长树在正常落叶前30～40天喷施40%乙烯利水剂2000～3000倍液，促进落叶。早冬修剪时，尽可能将病枝、虫枝、伤枝、死枝剪除，减少枝量，防止抽干和冻害。冬剪后及时用波尔多液喷洒，既可防病又可为树体着一层药膜而防冻。早施基肥，结合浇越冬水，防止枝条失水抽干冻。冬灌宜在夜冻日消、日平均气温稳定在2℃左右时进行，黄淮地区在11月中下旬至12月上旬。营造防护林，防护林在株高20倍的背风距离内可降低风速30%～59%，春季林带保护范围内比旷野气温提高0.6℃。此外，还可利用背风向阳的坡地、沟地等小气候适宜地区建园。

②树干涂白　用生石灰5份、硫黄粉0.5份、食盐2份、柴油1份、水20份，或用生石灰10～15份、食盐2份、硫黄粉1份、植物油0.1份、水36份制成涂白剂，涂抹在树干和树枝上，涂抹不上的小枝可以把涂白液喷洒在上面。此法不但可以防冻，还具有杀虫灭菌和防止野兽啃树皮的作用。

在花椒树发芽前，用50倍石灰乳喷涂树冠，减少树枝吸收太阳热能，降低树体温度，推迟萌芽、开花物候期，以避开晚霜或寒流危害。在花芽萌动前、3月上中旬，喷布防冻剂（2份石灰、1份食盐、20份水），可降低花芽冻害。可用郑州神力润升化工有限公司研制的植物高级防冻剂“神奇冻水”4000倍液喷洒树体，或用100～150倍液灌根，每隔10天1次，共2次，每桶浇灌胸径10厘米的树木10～12棵。入冬前，土壤未冻结时，以5厘米地温5℃、气温3℃时进行根部浇灌最佳，可以防冻、抗冻、安全越冬。因寒露风、晨霜、倒春寒引起的叶片黄化、春缩，而尚未造成梢枯或树势衰弱等轻微冻害时叶面喷洒，可解冻、抗冻、恢复生机。突遭异常低温或连续霜冻，叶片出现失水或萎蔫时，加强灌根、叶面喷洒，同时中耕松土。

③遮盖法　用蒿草、苇席、塑料薄膜、水泥袋等覆盖在树冠顶上，既可阻挡外来寒气袭击，又可保持地温，房屋前后的椒树防霜、防冻用这种方法最适宜。也可用玉米、高粱、谷子等秸秆及麦草包树干1周，早春发芽前用草绳、塑料袋等将树捆起来也有效。幼树最适宜此法。

④浇水防寒　霜降至寒露土壤将要结冻时浇足水，浇水量以浇后6～7小时渗完为准，过1周再浇1次效果更好。

⑤增温法　强寒流来临时，在椒园迎风面和园内，用草根、落叶拌锯末或麦糠等，堆成上湿下干的草堆，每667米^2 10～15堆，每堆15～20千克，当凌晨气温降至3℃以下时，点火发烟防止霜冻。也可用硝酸铵20%～30%、锯末50%～60%、废柴油10%、烟煤粉10%，混合后装入纸袋，每袋1.5千克，点燃后可放烟10～15分钟，可控制2000～2670米^{2}椒园。

⑥喷肥水　春天倒春寒或晚霜来临前，用1%磷酸二氢钾溶液喷布树体，增强树体抗寒性，提高椒园温度，减轻或避免冻害。也可在幼树期多施有机肥和过磷酸钙、草木灰等磷、钾肥，使枝干组织充实健壮，提高抗寒性。

⑦补救措施　对已受冻的树，特别是树干冻害要加强护理，裂皮、伤口处涂抹1∶1∶100波尔多液，防止杂菌侵染。对受冻干枯的枝梢，应于萌芽前后剪去枯死部分，剪口要平，剪后伤口

涂抹 90% 机油乳剂 50 倍液，抑制水分蒸发。受冻后恢复生长的树，要加强土壤管理，保证前期水分供应，提前追肥、适时根外追肥补给养分，以尽快恢复树势。

⑧架土块和培土　将大土块堆在树基、架在主枝分叉处，若树的上部再用遮盖法防冻，效果更佳。因地温变幅较大，致使根颈易受冻害，可在冬前对花椒根颈培土保护，培土高度 30～40 厘米。树干保护措施有埋干（定植 1～2 年的幼树）、涂白、涂防冻剂、捆草把等。

⑨病虫害防治　霜冻后应注意防治病虫害，尤其是主干和叶部病虫害。主干应刮胶涂药防治花椒窄吉丁等害虫。冬季清洁园内枯枝落叶，集中烧毁或深埋，降低花椒锈病等病原菌的越冬基数。

2. 鼠　害

（1）危害特点　在花椒产区，特别是黄土高原地区，鼢鼠是危害花椒的主要鼠害。鼢鼠俗称瞎狯、瞎老鼠，遍布我国北方各地，常年栖居地下，打洞潜土，食性杂，食量大，严重危害农作物、牧草、幼树、苗木的地下部分。小雨、阴天几乎全天活动，雨后活动尤烈，晴天、刮风天不常活动，土干、天热和干燥对其活动不利。春季阴雨天正是雌、雄鼢鼠串洞寻偶交配的良机，立夏后鼢鼠因怕暴雨灌洞，迁居地势较高处出外觅食，多在夜间进行。春耕至夏至间，每天从窝穴出来活动 2 次，上午 8 时前后 1 次，下午 7 时左右 1 次；秋收至地冻，早晨太阳刚出来时 1 次，下午出来 3～5 次不等，每次出来 0.5～1 小时。听觉、嗅觉发达灵敏，最怕光，一旦爬出地面，在烈日下看不见东西，故称瞎老鼠。有封洞习性，洞口被掘开后一定会出来推土堵洞，以此进行防御。

（2）防治措施　鼢鼠的防治应先判断洞内有无鼢鼠，方法是找到洞穴后先用锨切开洞道，察看其爪在隧道壁上的痕迹是新是旧，若道壁光滑、爪印明显，洞内既无露水、蛛网，又无长下去的根系，且有被拉进去的新鲜植物，说明洞内有鼢鼠存在；在切口处检查有无新土，亦可判断洞内有无活鼠存在；从洞道不同部位挖开，半小时后观察其堵洞情况，若洞口堵塞，说明洞中有鼠。

①人工捕捉　一是灌水法。灌水使其不堪溺在水中，而被迫逃向洞外当即捕杀。二是先切开洞口，铲薄洞道上的表土，待鼠于洞口堵洞时，切断其回路，捕杀。三是烟熏法。春天杂草未生出前，可在铁制烟罐里面装麦秸、马粪、湿草等燃料，再加些烟筋或辣椒等，点燃后扣在鼠洞上，四周用土压实，然后一个人用羊皮鼓风筒在铁罐上端进风处向里送风，另一人在四周检查，看见地面漏风处即用土堆埋严。鼢鼠在洞中被烟熏闷死或被熏出而捕杀。铁罐中放入25克硫黄点燃，效果会更好。四是挖掘法。先找到鼠洞，将洞分段用锨切开，使阳光和风进入洞口，10分钟后逐个检查洞口，即可沿封洞的方向挖掘。五是弓形夹捕杀法。常用1号或2号鼠夹，先找到洞道，切开洞口，用小锨挖一略低于洞道、大小与弓形夹相似的小坑，放置弓形夹，在夹上轻轻放些松土，将夹子用铁丝固定于洞外木桩上，最后用草皮盖严洞口。

②药剂防治　灭鼠药剂很多，主要有敌鼠钠盐、氯敌鼠钠盐、杀鼠酮等，将上述药剂配成毒饵，进行诱杀。选用鼢鼠爱吃的食物，如春季用葱、韭菜、蒜薹、萝卜等，秋季用马铃薯、豆类、莜麦等，切碎，加入0.1%敌鼠钠盐或0.02%氯敌鼠钠盐，拌匀。毒饵投放有开洞和插洞投饵2种方法，前者是在鼠洞上方用铁锨开一洞口，把洞内浮土取净，将毒饵投放到洞道30厘米以下深处，每处3～4堆，用土块略封洞口；后者是用长80厘米、粗3厘米的木棒，将一端削成圆锥形，从洞道上方插到洞道时轻轻转动木棒，将插口周围的土挤紧，取出木棒后随即投放毒饵，并封闭洞口。

③生物防治　一是春初或秋末，每公顷使用依萨琴柯氏菌或达尼契氏菌颗粒菌剂1000～3000克，放入洞道内，使其感病死

亡。此法对鼠类不会产生抗性或拒食现象，且对人、畜安全，也不污染环境。二是于春初或秋末，用 100 万毒价 / 毫升 C 型肉毒素水剂配成毒饵诱杀。一般采用 0.1%～0.2% 的浓度，若配制 50 千克 0.1% 的燕麦毒饵，可用水 10 升加入肉毒素水剂 50 毫升，溶解后将 50 千克饵料倒入毒素稀释液中充分拌匀即可，每公顷用毒饵 1.2 千克。

第七章
花椒采收与采后处理

一、采　收

1. 适期采收

花椒适时采收，质量高、损失小。过早采收，色泽淡、香气少、麻味不足；过迟采收，花椒在树上开裂破口、容易落椒，若遇阴雨易变色发霉。花椒果实多在秋季成熟，一般当果实由绿变红、果皮缝合线突起、少量果皮开裂、表现出品种特有的色泽、果皮上椒泡凸起呈半透明状态、种子完全变黑色光亮时，即可采收。因品种不同，成熟期略有不同，早熟种（俗称伏椒）8月中下旬成熟，晚熟种（俗称秋椒）9月上中旬成熟，如大红袍花椒比小红袍花椒晚熟10～20天。同一品种，因栽培地区不同，其成熟和采收期也有差异，温暖向阳地的花椒成熟早，而背阴地的成熟稍晚。

2. 采收方法

花椒采收以手摘为主，也可用剪刀将果实随果穗一起剪下再摘取，一般在露水干后的晴天进行。晴天采收的花椒干制后色泽鲜、香气浓、麻味足；阴雨天有露水时采收不易晒干，色泽不鲜亮、香气淡、品质差。采收前要先准备采摘篮、盛椒筐、苇席及晾晒场地等。采收时，一手握住枝条，一手采摘果穗。由于果穗基部的枝条上着生有皮刺容易扎手指，有的改用剪刀剪，但这样

往往伤害顶花芽，对翌年产量有较大影响。

采摘时要防止把果穗连枝叶一起摘下，以免损害结果芽，影响翌年产量。一般在大椒穗下第一小叶间有1个饱满芽，这个芽是翌年的结果芽，要注意保护，不要摘除。弱枝果穗下第一个芽发育不充实，第二个或第三个芽发育键壮，采摘时可抹除第一个芽，保留第二、第三个芽，以起到修剪作用。另外，采摘时还要保护椒粒，不可用手指掐着椒粒采摘，以免手指压破椒泡，造成跑油椒或浸油椒。跑油椒干制后色泽暗褐，香味大减，降低价值。摘椒时尽量不要伤及枝叶，以免影响树体生长。

采收时适当抹除大部分叶丛枝，一般保留1/3，光腿缺枝部位的叶丛枝适当保留，培养成健壮的结果枝，充实空间，扩大结果部位。目前，一种便携、实用、增效、新型的锯盘电动花椒采摘机已研制成功，花椒产区可进行机械化采摘。

二、晾　晒

1. 阳光暴晒

晾晒对花椒品质，特别是色泽影响极大，采收后要及时晾晒，最好当天晒干，当天晒不干时，要摊放在避雨处。阳光暴晒方法简便，经济实用且干制的果皮色泽艳丽。方法是选晴朗天气采收，在空地上铺晾晒席，边收边晾晒，晾晒摊放的厚度控制在3厘米左右，在强烈阳光下经2～3小时即可使全部花椒果皮裂开，轻轻翻动果实，使种子、果梗、果皮分离，再用筛子将种子和果皮分开。然后在阴凉通风处晾几天，使种子和果皮充分干燥后包装贮藏。采收后若遇阴雨天气不能晒干，可暂时在室内地面上铺晾晒席摊晾，厚度3～4厘米，不要翻动，待天晴后移到室外阳光下继续晒干。

晾晒花椒注意事项：①不要直接放在水泥地面或塑料薄膜上，以免花椒被高温烫伤后失去鲜红光泽。应在苇、竹席上晒。

②晒制花椒时摊放不要太厚，以3～4厘米为宜，每隔3～4小时用木棍轻轻翻动1次。不要用手抓翻动，以免手汗影响色泽。可用竹棍做1双长筷子，把花椒夹住，均匀地摊放在席上，这样晒出的花椒鲜红透亮，晒干的花椒果皮从缝合线处开裂，只有小果梗相连，这时可用细木棍轻轻敲打，使种子与果皮脱离，再用簸箕或筛子将椒皮与种子分开。

2. 人工烘干

人工烘干不受天气条件限制，且烘烤的花椒色泽好，能很好地保持花椒特有的风味。

（1）**烘房烘干法** 花椒采收后，先集中晾半天到1天，然后装入烘筛送入烘房烘烤，装筛厚度3～4厘米。烘干机内温度达30℃时放入鲜椒，烘房初始温度保持在50℃～60℃，经2～2.5小时后升温至80℃左右，再烘烤8～10小时，花椒含水量小于10%时即可。烘烤过程中要注意排湿和翻筛，开始烘烤时，每隔1小时排湿和翻筛1次，以后随着花椒含水量的降低，排湿和翻筛的间隔时间可适当延长。花椒烘干后降温，去除种子和枝叶等杂物，按标准装袋即为成品。

（2）**暖炕烘干法** 将采收的鲜花椒摊放在铺有竹席的暖炕上，保持炕面温度50℃左右。在烘干过程中不要翻动椒果，待椒果自动开裂后方可进行敲打、翻动，分离种子，去除果枝。暖炕烘花椒果，色泽暗红，不如阳光下晒干的果实色泽艳丽。

（3）**简易人工烘干法** 建造人工烘房，面积10米^2，房顶装吊扇1个，墙壁装换气扇1个，烤房内装带烟囱铁炉2～3个，安装铁架或木架，架上摆放宽40厘米、长50厘米的木板砂盘。当烤房内温度达30℃时放入鲜椒，烤房内温度保持30℃～50℃，经3～4个小时，待85%椒果开裂后，将椒果从烤房内取出，并用木棍轻轻敲打，使果皮与种子分离后去除种子，将果皮再次放入烘房内烘烤1～3小时、温度控制在55℃。

三、分　级

分级能做到优质优价，提高商品价值。

1. 质量标准

目前，国家还没有统一的花椒果实质量标准。生产中对花椒品质外观的检验常包括以下几方面：①色泽。具有本品种特有的红色，色泽鲜艳，如大红袍为枣红色、小红袍为鲜红色、白沙椒为粉红色。②椒籽含量。上等椒籽含量很少，按重量计算低于2%，最多不超过5%。椒籽含量包括发育不良、晒干后果皮缝合线不开裂的果实（商品中称为"闭口"）。③果穗梗。一般果皮和果穗梗都作为商品花椒。也有的要求果梗全部去掉，有的要求只许椒皮上带有不超过0.5厘米长的小果梗。④梗含水量一般要求13%以下，以便贮藏保管。用手轻掐之，有扎手的感觉，并有"沙、沙……"的响声。⑤不得有变质的霉粒、烂粒和其他杂质，符合国家卫生部标准及食品卫生规定。

2. 分级标准

（1）花椒产品分级标准

一级品：外表颜色深红，果内黄色，睁眼椒颗粒大且均匀，麻味足，香味浓，无枝梗，无杂质，椒柄不超过1.5%，无霉坏，无杂色椒，含籽量不超过3%。

二级品：外观红色，内黄白色，睁眼椒颗粒大，无枝梗，椒柄不超过2%，无杂质，无霉坏，无杂色椒，闭眼椒、青椒和含籽量不超过8%。

三级品：椒色浅红，麻味正常，闭眼椒、青椒和含籽量不超过15%。

（2）大红袍分级标准

一级：外观颜色深红，内黄白色，睁眼椒颗粒大且均匀、身干，麻味足，香味浓，无枝梗，无杂质，椒柄不超过1.5%，无霉坏，无杂色椒，含籽量不超过3%。

二级：外观颜色红，内黄白色，睁眼椒颗粒大、身干，麻味正常，无枝梗，椒柄不超过 2%，无杂质，无霉坏，无杂色椒，闭眼椒、青椒和含籽量不超过 8%。

三级：外观颜色浅红，内黄白色，睁眼椒身干，麻味正常，无枝梗，椒柄不超过 3%，无杂质，无霉坏，无杂色椒，闭眼椒、青椒和含籽量不超过 15%。

（3）小红袍分级标准

一级：外观颜色鲜红，内黄白色，睁眼椒身干且颗粒均匀，麻味足，无枝梗，椒柄不超过 1.5%，无杂质，无霉坏，无杂色椒，含籽量不超过 3%。

二级：外观颜色红，内黄白色，睁眼椒身干，麻味正常，无枝梗，椒柄不超过 2%，无杂质，无霉坏，无杂色椒，闭眼椒、青椒和含籽量不超过 8%。

三级：外观颜色浅红，内黄白色，睁眼椒身干，麻味正常，无枝梗，椒柄不超过 3%，无杂质，无霉坏，无杂色椒，闭眼椒、青椒和含籽量不超过 15%。

四、包　装

花椒果实作为一种食品，没有外壳，直接用来食用。因此，最怕污染，在包装、贮存上要求比较严格。

干燥后的花椒经过分级，若不及时出售应将其装入新麻袋或在提前清洗干净并消过毒的旧麻袋中存放；如长期存放，最好使用双包装，即在麻袋的里面放一层牛皮纸或防湿纸袋，内包装材料应新鲜、洁净、无异味，这样既卫生、隔潮，还不易跑味。装好后将麻袋口反叠，并缝合紧密。然后在麻袋口挂上标签，注明品种、数量、等级、产地、生产单位与详细地址、包装日期和执行标准计号。切记不要乱用旧麻袋，更不能用装过化肥、农药、盐、碱等包装物装花椒，所有包装材料均需清洁、卫生、无污

染，同一包装内椒果质量等级指标应一致。

五、贮　藏

花椒果实因其怕潮、怕晒、怕走味、极易与其他产品串味，比较难保管。所以，在贮存时，要选干燥、凉爽、无异味的库房，包垛下应有垫木，防止潮湿、脱色、走味。严禁与农药、化肥等有毒有害物品混合存放。

六、加　工

晒干后的果皮一般可用水蒸气蒸馏法提取精油，精油经过加工处理后可用于调配香精。果皮含油4%～7%，主要成分有花椒烯、水茴香萜、香叶醇及香芋醇。花椒果皮辛香，是很好的食品调料，干果皮可作调味品直接使用，或制成花椒粉，或与其他佐料配成五香粉、十三香等复配型佐料，还可制取调味用的花椒油和食用的花椒籽油。

花椒果皮入药可医治慢性骨炎、腹痛、止牙痛、霍乱及驱杀蛔虫等。椒叶除代果皮做调味品外，还可制成土农药防治蚜虫、螟虫等，也可提取芳香油。花椒树干林质坚硬，宜制耐磨器具。

1. 袋装花椒加工

将采收的花椒果皮晾晒后去除残存的种子、叶片、果柄等杂质，分级定量包装后作为煮、炖肉食的调料或药材上市。

（1）加工程序

①果皮清选　将花椒果皮放入容器内，用木棒或木板人工轻揉搓，使果柄、种子与果皮分离，然后送入由进料斗、筛格、振动器、风机和电机等组成的清选设备中进行清选。由进料斗落入第一层筛面上的物料，经风机吸走比果皮轻的杂质和灰尘，而树叶、土石块等较大杂质留在筛面上，并逐渐从排渣口排出。穿过

筛孔的物料落到第二层筛面上，第二层筛进一步清除果皮中较大的杂质，果皮和较小的物料穿过筛孔落到第三层筛面上；在第三层筛格上，种子和细小杂质穿过筛孔落到第四层筛格上，留在第三层筛面的果皮被风机吸送到分级装置；在第四层筛格上将种子与细沙粒等杂质分离，并分别推出。

②果皮分级　送入由振动器和分级筛组成的分级装置的果皮，按颗粒大小分为2～3级，并分别排出。

③果皮包装　将分级后的果皮用塑料包装袋定量包装、封口，即成为不同等级的袋装花椒成品。

（2）工艺流程

花椒果皮→晾晒→揉搓

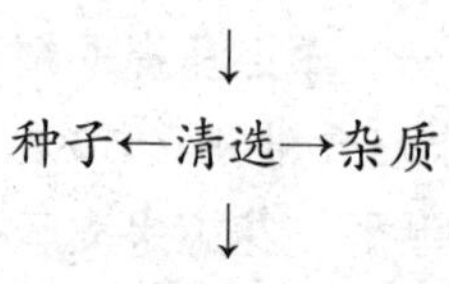

↓

种子←清选→杂质

↓

净果皮→分级→装袋→封口→袋装花椒成品

2. 花椒粉加工

将干净的花椒果皮粉碎成粉末状，定量装塑料袋或容器内，封口即成。

（1）工艺流程

花椒果皮

↓

种子←清选→杂质

↓

净果皮→烘干→粉碎→包装→封口→成品

（2）主要设备　清选机、烘干机、粉碎机和封口机等。

（3）加工　取干制后的花椒放入炒锅，用小火炒制，边炒边不停翻动。也可用烧炒机在120℃～130℃条件下炒制6～10分钟，取出自然冷却至室温，再用粉碎机粉碎至80～100目。定量装入塑料薄膜复合袋中。

3. 沸水法制取花椒籽油

花椒籽出油率达 20%～30%，一般用花椒籽作原料采用土法即可榨取花椒籽油。

（1）清洗　花椒籽通过筛选清理，除去花椒皮及其他杂质后，用家用饭锅炒熟至清香不糊。

（2）碾碎　炒热的花椒籽用石碾或石臼碾碎至粉末状，颗粒越小越好。

（3）熬油　按花椒籽熟细粉与水比例 2∶25，将碾好的花椒籽熟细粉放入沸水锅中，以铁铲或木棒进行搅拌，同时继续以微火加温保温 1 小时左右。所含大部分油脂可逐渐浮在锅的表面，静置 10 分钟左右，用金属勺撇出上浮的大部分油脂。

（4）墩油　将大部分油脂撇出后，再用金属平底水瓢轻轻墩压数分钟，促使物料内油珠浮出积聚，再用金属勺将油全部撇出即成较上等的调味花椒油。

（5）清渣　出油后的水及油渣取出晒干，可作肥料或配制饲料。

4. 花椒麻香油加工

花椒麻香油是将花椒果皮放入加热的食用植物油中浸泡、炸煮，使果皮中的麻香成分浸渗到食用油中加工而成的食用调味品。

（1）工艺流程

食用植物油→加热（120℃）→冷却（30℃～ 40℃）→加入花椒果皮→浸泡（30 分钟）→加热（100℃）→冷却（30℃）→过滤→果皮→粉碎→花椒粉

↓

麻香油→冷却（室温）→静置→装瓶→封口→成品

（2）操作要点　将植物油倒入油炸锅内，加热至 102℃～140℃，然后冷却至 30℃～40℃，将干净花椒果皮与食用油按重量 1.5∶100 的比例放入冷却后的油内浸泡 30 分钟，再将花椒和植物油混合物加热到 100℃左右，再冷却至 30℃，如此反复加热，冷却 2～3 次，即成花椒果皮和麻香油的混合物，混合物过滤所得的滤液即为花椒麻香油。过滤出的果皮可粉碎制成花椒粉，将花椒麻香油静置，冷却至室温后装瓶。

（3）**主要设备** 大铁锅、滤网、洗瓶机、灌装机、粉碎机等。

5. 椒叶粉加工

（1）加工流程

采叶→淘洗→晾晒→粉碎→装袋→入库

（2）**操作要点** 采叶从果实采收后至8月底前均可进行。选择生长健壮、无病虫害感染、叶片肥厚、叶面翠绿的植株，先将植株冠下地面的落叶及杂物清除干净，铺上席箔或塑料薄膜，用细棍敲打将叶片击落，或用修剪枝剪将叶柄剪下让其落地，然后将其收集并随即捡去黄叶和带病虫的叶片。采回后叶片放在0.3%高锰酸钾溶液中浸泡3～5分钟，并反复搅拌，洗去叶面尘垢。叶片在水中浸泡时间不能太长，以免叶片麻味素被水浸溶。淘洗后捞出，放席箔或竹席上晾去水分，要不停翻动。晾晒必须及时，以防叶子霉烂；切忌在强光下暴晒，以免叶中麻味素挥发。晾晒干燥到手指掐住叶片能捻成碎片即可，然后将叶放在粉碎机中粉碎呈粉末状，装袋。为了防止麻味素散失和反潮，装袋后应及时粘封。

6. 花椒油加工

花椒果皮辛香，是很好的食用调料，干果皮可作为调味品直接食用。也可制成花椒粉或与其他佐料配成五香粉。若将果实放在食用油中加温，使其芳香油和麻味素迅速溶解可得到香麻可口的花椒油。

（1）**油淋法** 将鲜椒采回后，放入细铁丝编的或铝质细漏勺中，用180℃的油浇到漏勺的花椒上（油椒比为1∶0.5，即1千克油、0.5千克花椒，可制作花椒油0.9千克），待椒色由红变白为止，将淋过的花椒油冷却后装瓶，密封，在低温处保存，以保证质量。

（2）**油浸法** 将菜油放入铁锅里，用大火煎沸。当油温102℃～

140℃时，把花椒倒入油锅中（用鲜椒，油椒比为1∶0.5），立即盖上，使香味溶于油脂中，冷却后去渣，装瓶。用此法加工的花椒油，其麻香味更好。因用花椒加工，下面有一层水分，装瓶时不要将水装入，以免影响质量。

7. 花椒香精油加工

花椒香精油是利用从花椒果皮中提取出来的花椒原精油，再与其他配料混合配制而成，其加工程序主要为花椒原精油提取和勾兑配制。

（1）花椒原精油提取 常用方法有浸出法和蒸馏法2种。

①浸出法 选能溶解花椒果皮中油脂的有机溶剂（酒精、工业乙烷等），浸泡或喷淋果皮料，使果皮中的油脂溶解在溶剂中，形成混合油。再利用溶剂与果皮油脂的沸点不同，进行蒸馏，即可将花椒香精油提取出来。其工艺流程因浸出方式不同而异。

浸泡式工艺流程：花椒果皮→烘干→粉碎→浸泡（溶剂）→离心分离→浸提液（混合油）→蒸馏→精油原液

↓

溶剂

混合式工艺流程：花椒果皮→烘干→粉碎→软化→浸泡（溶剂）→混合油→过滤→蒸馏→浸出油→蒸馏→花椒精油原液→贮存

↓

溶剂→蒸发→冷却→溶剂

浸出操作要点：浸出温度以50℃～55℃为宜，浸出时间一般为90分钟；混合油浓度在15%～25%之间，使用溶剂应沸点低、气化潜热小。因使用的溶剂主要是酒精、工业乙烷等，具有易燃易爆性，要特别注意设备、管道密闭，操作规范，防止发生燃烧和爆炸。

浸出所用设备主要有浸出设备、水汽锅炉、真空回流浓缩罐、水质环真空泵、不锈钢浸提罐、粉碎机、离心机、微孔过滤机、多功能提取器、平转浸出器、履带式浸出器、弓形浸出器、

U 形浸出器、Y 形浸出器和环形浸出器等。

②蒸馏法　利用花椒果皮中的非油物质对油和水的亲和力和汽化点的不同，以及油与水之间的比重不同，将花椒精油从油料中分离出来。其工艺流程为：

花椒果皮→粉碎→浸湿→装罐→蒸馏→冷凝→混合液→静置→分液→花椒精油原液→贮存

操作要点：将去杂后的花椒果皮粉碎，花椒粉浸湿后装入蒸馏罐内，其湿度以手掐不成团为宜，通入蒸汽（压力为 40.5 万帕）进行蒸馏，罐内温度以 95℃～100℃为宜，时间 3～4 小时；将冷却的混合液静置 30 分钟后进行分离，即得花椒精油原液。

蒸馏法所用主要设备有蒸汽锅炉、粉碎机、蒸馏罐、冷凝器、贮罐。

（2）花椒精油系列调味品的配剂　将花椒精油原液、食用酒精、各种食用油（芝麻油、色拉油、芥末油、辣椒油、大蒜精）按 1∶100∶200 的比例混合，即可配制成无木质素、对人体健康无害、具有花椒特有麻香味，且食用方便的系列调味品。其工艺流程：

花椒精油原液→勾兑配制（各种配料）→花椒精
→花椒晶
→麻香芥末油
→麻香辣椒油
→麻香大蒜油
→麻香芝麻油
→麻香色拉油

主要设备有贮水罐、洗瓶机、立瓶机、消毒机、罐装机、施盖机、贴标签机等。

8. 花椒酱加工

以鲜花椒、植物油、老姜和葱为原料，鲜花椒与植物油的重量比为 1∶1，老姜为植物油总量的 8%～15%，葱为 5%～11%。

将植物油加温至起油波纹时降低火力，投入 8%～15% 的老姜片炸至转黄，再投入 5%～11% 的长葱炸至姜葱不吐泡时捞出。加大火力，将花椒投入油锅内，炸至花椒转色、吐鱼眼泡时，连油一起盛入陶瓷容器内冷却。将花椒壳与子实分离，沥干油质。用石磨或细磨将花椒壳磨成油浆，加入 5%～10% 炼制过花椒的余油，即得花椒酱成品。

七、花椒鉴别

1. 掺假花椒鉴别

天气寒冷，空气干燥，有人为增加重量向花椒中掺水，鉴别方法是用手握有硬脆感，或用手搓有沙沙声为干度较好的花椒；花椒成色不好时，有人向花椒中淋青油，使其看起来光鲜发亮，鉴别方法是用手握花椒，手上有油污或油渍为被处理的花椒。壳颜色红艳油润、粒大均匀、果实开口且不含或少含籽粒、无枝叶等杂质、不破碎、无污染为好花椒；顶部开裂大的成熟度高、香气浓郁、麻味强烈为上等。用少许碘酊掺水呈淡黄色时，撒在花椒面上，呈蓝色的为掺假品。

2. 假花椒鉴别

（1）**眼观法**　真花椒绝大部分中间裂开、有开口，外壳棕红色或棕黄色，每颗大小、颜色不完全一样，壳内侧为白色，有少量黑色籽粒。假花椒颜色一致、形状大小均匀、表面致密无开口、同等体积较真花椒重。

（2）**鼻闻法**　真花椒有特有的香味，假花椒则没有。

（3）**手搓法**　真花椒手搓较软，搓揉后有花椒外壳碎片，无渣子产生。

（4）**口尝法**　真花椒具特有的麻味；假花椒无麻味，且有咸味，咀嚼易粉碎。

参考文献

[1] 党心德，蒲淑芬. 花椒栽培及病虫害防治 [M]. 西安：天则出版社，1989.

[2] 蒲淑芬，原双进，马建兴. 花椒丰产栽培技术 [M]. 西安：陕西科学技术出版社，2002.

[3] 冯玉增，胡清坡. 花椒丰产栽培实用技术 [M]. 北京：中国林业出版社，2011.

[4] 常剑文，田玉堂. 花椒栽培 [M]. 北京：中国林业出版社，1990.

[5] 魏安智，杨途熙，周雷. 花椒安全生产技术指南 [M]. 北京：中国农业出版社，2012.

[6] 李承永. 莱芜花椒 [M]. 北京：中国农业科学技术出版社，2012.

[7] 王有科，南月政. 花椒栽培技术 [M]. 北京：金盾出版社，1999.

[8] 张炳炎. 花椒病虫害诊断与防治原色图谱 [M]. 北京：金盾出版社，2006.

[9] 李孟楼. 花椒栽培及病虫害防治 [M]. 西安：陕西科学技术出版社，1989.

[10] 满昌伟，姚小军，张玉新. 香科蔬菜高产栽培与病虫害防治 [M]. 北京：化学工业出版社，2015.

[11] 宋丽雅，倪正，樊琳娜，等. 花椒抑菌成分提取方法及抑菌机理研究 [J]. 中国食品学报，2016，16（3）：125–130.

［12］王锐清，郭盛，段金廒，等．花椒果实不同部位及其种子油资源性化学成分分析与评价［J］．中国中药杂志，2016，41（15）：2781–2789.

［13］何川，巩彪，王超，等．花椒籽饼熏蒸对番茄根结线虫的防效及作用机理［J］．中国蔬菜，2016，1（6）：64–70.